熬过孤独的人
才配说
未来可期

陈允皓——著

图书在版编目（CIP）数据

熬过孤独的人才配说未来可期 / 陈允皓著. -- 苏州：古吴轩出版社，2021.5
ISBN 978-7-5546-1700-7

Ⅰ. ①熬… Ⅱ. ①陈… Ⅲ. ①成功心理—通俗读物 Ⅳ. ①B848.4-49

中国版本图书馆CIP数据核字(2021)第002185号

责任编辑：李爱华
见习编辑：沈欣怡
策　　划：监美静　柳文鹤
封面设计：仙境书品

书　　名	熬过孤独的人才配说未来可期
著　　者	陈允皓
出版发行	古吴轩出版社
	地址：苏州市八达街118号苏州新闻大厦30F　邮编：215123
	电话：0512-65233679　传真：0512-65220750
出 版 人	尹剑峰
印　　刷	天津旭非印刷有限公司
开　　本	880×1230　1/32
印　　张	7.75
字　　数	139千字
版　　次	2021年5月第1版　第1次印刷
书　　号	ISBN 978-7-5546-1700-7
定　　价	46.00元

如有印装质量问题，请与印刷厂联系。022-22520876

六种孤独

代序

人类的文明，是一个群居的文明。从部落到宗族，从乡村到城市，越是热闹繁华的地方，似乎越能彰显文明的先进。作为人类的我们，天生就害怕孤独，因为孤独会让生存变得困难。也正因此，在人类社会中，评价一个人的其中一个重要指标就是人际关系。

一个没有任何亲朋好友的人，要么是个超凡脱俗的出世者，要么就是个凄凉悲惨的流浪汉。就像亚里士多德所说："离群索居者，不是野兽，便是神灵。"每个人都会感受到孤独；孤独却因人而异，各不相同。两个孤独的人走在一起，却发现读不懂彼此的孤独时，他们更孤独了。

我们的社会越变得便利与繁华，有的人内心就越难以感到平静与充实。走在熙熙攘攘的街头或者人烟稀少的荒郊，孤独就像空气，无色无味，如影随形。孤独本身也千差万别，每个人对孤独的理解和感受不尽相同，下面说说我观察到的六种孤独。

一、独处的孤独

当我们还是小孩的时候,我们害怕一个人待在家里,害怕一个人睡觉,总觉得床底下、衣柜里藏了妖魔鬼怪要害我们。如果爸妈经常不在家,我们会不由得产生一种被抛弃的无助感与孤独感。生命的最初阶段,我们总是对一切都好奇,不太喜欢冷冷清清的幽静,而喜欢欢天喜地的热闹。有人陪伴比独处好;有人说话比沉默好;有人关心和疼爱,才觉得自己的存在有了价值与意义。

也有很多人,即使长大成人,甚至有了自己的孩子之后,依然会害怕一个人待着。当然你也可以说,这不是孤独,而是寂寞。孤独的本质,就是对自身存在疑惑与不安,而寂寞只是孤独最常见的一种状态。总之,请不要让我一个人。

二、离别后的孤独

我们逐渐成长,开始独自睡觉,独自上学,一个人做很多事也不会感到害怕。我们开始有同学,有朋友,有许多充满欢乐的放学时光。一起踢球、写作业、喝汽水、买零食、玩游戏,直到天渐渐暗下来,我们说着再见,各自回家。当朋友们各自离去的时候,也会感到一阵失落,不过我们很快就会习惯,以为分别就像日出日落,我们总能再次相逢。

后来，我们发现，好朋友之间的关系会变淡，慢慢地不再亲近，你的死党也可能会突然转学，随后失去联系。同学们会因为中考、高考各奔东西，除了同学会再难碰面。除了父母始终是你的父母，你生命中遇到的许多喜欢的人，都可能在不经意间如水入海，再无踪迹。渐渐地，你终于发现，原来大多数的离别，都是没法说再见的。

三、演员的孤独

有一类人，很早就隐约摸到了这个世界的一些规律，意识到只有得到别人的认可才能让自己活得更好。他们或勤奋努力，或乖巧可人，通过别人欣赏的目光，进一步定位自己的角色，他们最在乎的就是别人的眼光。

他们都是演员，观众说好才是好。妈妈说当公务员好，那就去考呗；爸爸说相亲的男生不错，那就结婚吧……就算被安排好的生活不幸福，一旦想到不能让朋友们看笑话，就还是会继续露出笑脸装作很幸福的样子。他们相信，每个人在这个世界上，都有注定的角色，谁演主角，谁演配角，自有安排。人最重要的是认真演绎自己的角色，不让别人失望。

他们可能是许多父母口中"别人家的孩子"，可能是别人羡慕的生活模板，也可能只是一个按时结婚生子的普通人，过着朝九晚五的规律生活，无甚特别。他们最大的孤独是丧失了自我，成了外向的孤独患者。因为内心总有个声音无法认同自己的表演，来自观众的掌声成了最后的稻草。当剧场落幕、人去楼空，落寞的演员独自回到后台时，才发现自己早已无人守候。

他们很早就已经认命，认为与其追求虚无缥缈的人生意义，不如按照剧本演好自己的角色。演得太好了，最后连自己也分不清自己到底想要什么，于是只能这么演下去。只是当一切都波澜不惊，如同命运这个导演已经忘记了你的存在时，才开始发现，原来别人的眼光真的没那么重要。当你终于想做自己命运的导演时，可能舞台的灯光早已熄灭。

四、理想主义者的孤独

每个时代都不缺理想主义者，他们总是认为现实像条恶龙，需要他们这样的勇士来与之搏斗、厮杀。而事实上，现代社会的确有许多了不起的进步与发展都和理想主义者有关。如果人人都是投机取巧、自私自利的，那么世界不过是一次又一次地轮回，毫无进步。

人类文明伟大的地方不在于你争我夺和尔虞我诈，地球上的生物都擅长彼此厮杀。正是因为一帮看似奇怪的人创造了诗歌，付出了爱，追求着远方的梦想，这个地球才不是一味的冰冷与残酷。真正的理想主义者，他们充实而孤独，因为他们追求远方，自己永远在路上。

五、"孤独症"患者

他们在成长的过程中,在心里搭建了一座看不见的城堡,把自己困在其中。他们决意将自己与世界隔开,因为他们觉得很难面对城堡外的这个世界。无论跟谁在一起,他们都觉得自己像是另一种人,所有的频率都对不上,所有的交流都成了噪音。抑郁、焦虑、自闭、精神分裂,种种无形的自我折磨让他们好像生活在另一个星球上,孤独而荒凉。

六、高处的孤独

高处不胜寒,人若飞得太高,成了超越时代的智者或强者,就注定没有朋友。飞得越低,和世人的距离越近;飞得越高,越明白孤独才是宿命。当独孤求败天下无敌之后,才发现没有对手原来也是一件痛苦的事。

如果一个人的能力超出周围的人太多,他就成了另一个世界上的人。最孤独的人,孤独已经成了他的氧气与养分。

——小岩井

自序 你是散落人间的日常

写给人群中格格不入的你。

你"演技一流",特别擅长假装合群,跟着别人一起开着那些并不感兴趣的玩笑,你觉得既然聊不来就不要多说话,他们却习惯什么事都带上你。你不会拒绝,也不懂表达,所有人都觉得你是个好人,理所当然地麻烦你,一点都不客气,除了"好人卡",你一无所获。

你想着应该学会拒绝,却总在关键时刻觉得不好意思,你曾经相信吃亏是福,现在才明白吃亏是傻。你一直很懂事,懂得察言观色,懂得别人想要什么,总是委屈自己来成全别人,你觉得这样生活才会问心无愧。你觉得快乐总是短暂的,别人伤害你或者你伤害别人都会让你的心大病一场,别人对你好一点,你就恨不得掏出全部。

你很喜欢讨好别人,很在意别人的评价,非常在意别人喜不喜欢你。你很怕自己把事情搞砸,给别人带来麻烦,甚至会伪装自己,让自己成为一个不被讨厌的人。你话不算多,但内心活动丰富,你总是不敢表达出自己的不满,怕给别人带来伤害。你宁愿自己受点委屈,也不愿意跟人争辩。很多事情，你想得比谁都清楚，只是不愿意表达，别人说你内向，其实只有自己知道，你的内心住着一个"戏精"。

你很孤独，喜欢一个人的自由，却又想有人陪伴。你不喜欢在人前表现自己，只想与三五好友把酒言欢。你不善交际，在人群中总是显得格格不入，你甚至会因此感到自卑，羡慕那些说话滔滔不绝的人。你持续性没心没肺，间歇性抑郁自闭，讨厌别人干涉你的生活，可总有人喜欢跑出来多管闲事。你期待遇到聊得来的人，可以让你走出孤独。

你想在最好的时光和喜欢的人在一起，却总是错过，你不愿将就，宁愿一直单身也要等待那个对的人出现。某一天，你和一个人在一起了，你想着付出越多，这段感情就会越牢固，后来才发现，自己再用心也换不来对方同等的爱。

曾经，我们都很傻，居然盼着长大。长大后才发现，快乐越来越难得，到处都有不如意之事。你关掉自己的微信朋友圈，不再轻易表露自己，学会消化心里的负面情绪，因为你发现别人的话对自己起不到任何的安慰作用。你开始感受到人生的迷茫，每一次选择都会看到不同的风景，你发现选择的艰难在于不好和更不好之间的取舍。

你会羡慕看起来活得并不费力的那些人，他们过着你想要的生活，拥有你拼尽全力都很难得到的东西。你慢慢发现身边的朋友越来越少，能聊得来的人屈指可数。老朋友们都过着自己的日子，长时间不联系后已无话可说。你明白了努力并不一定能成功，但不努力连成功的可能都没有。

　　你的人生观一次次更新，对这个世界有了更清醒的认识。你发现人生好像没有什么意义，每个人都在向死而生，没有人能够真正理解另外一个人，你开始觉得人间不值得，可正是如此，才应该更大胆一些，为自己而活。也因为孤独是一种常态，陪伴才显得弥足珍贵。

　　你越来越清楚，即使自己试着去合群，也感受不到应有的快乐，反而会让自己更加迷失。于是，在你独自行走的路上，你慢慢学会了无视别人异样的眼光，也许这才是真正的成长。

　　这个世界上没有谁可以陪谁一辈子。似乎认识的人越来越多，但在你真正遇到难处的时候，能够伸手拉你一把的人却寥寥无几。也因为这样，你更加珍惜真正的朋友。生活从来不是给别人看的，过得好不好只有自己知道，过自己喜欢的生活，而不是过别人认为好的生活。

　　成熟是一个习惯孤独和发现自我的过程，学会与自己和解，学会苦中作乐。世界上本没有路，走的人多了，也便成了路。不用担心自己的方式无人认可，坚持自己的本心大胆地去走，你会以独特的方式展示自己的人生。你总能找到自己的圈子，那时你就会发现你不是真的孤立无援，你感受到孤独只是因为找不到同类，再孤独的人也有同类。

　　你需要爱自己，因为这个世界上真正爱你的人并不多，如果自己再不爱自己，就真的孤立无援了。学着重视自己，比如，把自己的生日当作一年中最隆重的一天来度过，或是买一些小礼物慰劳一下自己，等等。一个人面对世界是很辛苦的，不要因为任何人和事而感到卑微，要抬起头，骄傲地活下去。

很多事情都是过时不候的，不要再让自己的目标仅仅是空话，不要再说"等我有钱了"或是"等我有了时间"这样的话，无论在什么处境，人都可以活得充实而有趣。趁此身未老，做些躺在摇椅上想起都会嘴角上扬的事吧。

你需要对金钱有更理性的认知，大部分的问题都是钱造成的，或者说钱确实能解决大部分问题。它是你独立生活的底气和资本，拥有的越多，就会发现在很多事情上，你会有更多的选择和自由。学会储蓄，不要被盛行的消费主义裹挟，兜里有钱，心里才不慌，它会给你带来极大的安全感。人活于世，你既不能像屏蔽朋友圈一样切断所有与外界的联系，也不能控制其他人的想法，你唯一能完全掌控的事情就是做好自己。

你虽然"佛系"，但知道分寸，知道自己想要的和需要付出的。命运本就如此，得到一些，也会失去一些，不必羡慕别人拥有的，因为你不知道他们失去了什么。人生短短数十载，我们也要成全一下自己，允许自己任性，允许自己有欲望，允许自己"虚度"时光，只要知道自己热爱什么。人间走一遭，别只顾着挥霍，也应有所收获。

你能感受到人间的善，也能察觉到人性的恶；有在欲望驱使下的不受控制，也有孤独袭来的阵阵痛意。有时你和友人温暖地相遇，体会谈笑间的温情；有时你旅行到从未踏足过的地方，感慨造物主的神奇；有时你会发现旁人的不怀好意和刁难；有时你会在困难重重之际，碰到峰回路转的惊喜。而这一切都会成为过往云烟，只存在于你的记忆中。

你独自体察着人间，想知道人生的意义。我也被问过这个问题，但我觉得人生本来没有意义，不过因为人有了意识，才有了所谓的"追寻生命的意义"。活着是种体验，感受人生百态，感受大千世界的神奇和壮丽，感受人情的温暖和悲欢。

所以，不必为难自己，离开人群自在独行和与知己好友结伴前行，各有妙处。如果有幸遇到相互契合的人，彼此陪伴度过人生漫长的时光，也不失为一件美事。

目录

代序 六种孤独 / 01
自序 你是散落人间的日常 / 07

第一章
再孤单的人也有同类

盲目地合群，不过是平庸的开始 / 003
不介意孤独，也不介意与人舒服地相处 / 011
孤独终老远比我们想象的复杂 / 018
别因为敏感，让心被委屈填满 / 024
当你足够厉害，人脉自然会来 / 031
我不是不想说话，只是不想和你说话 / 035
没人会拒绝一个懂得关心自己感受的人 / 040
二十个基本生活信条 / 045

第二章
人间值得，你更值得

你可能永远不会因为懂事而被爱 / 055
情绪敏感人群的生存指南 / 060
不要让你的善良被当作软弱可欺 / 068
敏感的乐观生物学 / 072
野蛮成长 / 077
目之所及，未来可期 / 083

第三章
不孤独的人生

"打工人"日常：疲惫生活下的英雄梦想 / 091
当你的实力还配不上你的眼光 / 097
20岁的未来式 / 102
优秀普通人的自我养成 / 110
因为一无所有，所以无所不能 / 121
不惧任何人，不怕任何事 / 127
我们终会在更高处相见 / 133
独立思考才对得起自己的头脑 / 139
世界在你的舒适区之外 / 144

第四章
全世界少了一个你

做一个有格调的人 / 151
愿有人陪你慢慢变老 / 156
"段子手"的催泪模样 / 163
婚姻不仅仅有爱情 / 170
任何时候,不要太"作" / 176
爱情当然可以敌得过时间 / 180
我们终于"老"得可以谈谈爱情 / 185

第五章
我所理解的生活

关于故乡,你还记得什么? / 193
怒马鲜衣少年时 / 199
生活明朗,万物可爱 / 204
从来如此,便对吗? / 209
留恋人间,自在独行 / 212
无悔的选择 / 215
以自己喜欢的方式过一生 / 220

后记 / 227

Chapter 1

第一章

再孤单的人也有同类

盲目地合群,
不过是平庸的开始

01

我友似群,却常孤身一人。

我性格慢热又不善交际,对集体活动比较排斥,总感觉自己是一个格格不入的人,跟不熟悉的人说不出来客套话,有时候碰到别人开玩笑,自己还会觉得特别尴尬。

我们从小所受的教育是鼓励合群的,不合群仿佛是一个贬义词。老师对我说要热爱集体、团结同学,父母对我说要和别人搞好关系,于是我开始尝试去迎合别人,学着与人聊天,和过来人学说场面话,但最终我发现自己的内心很痛苦,我迎合别人是以丢失自己作为代价的。勉强自己去合群是一件违背内心的事情,但生活中仍然有很多人硬逼着自己合群,原因无非有两个:一是害怕孤独,无法独处;二是害怕被大家排斥,甚至被歧视。

学生时代,如果有的同学喜欢说一些口头语,其他同学就会跟着他们一起说,仿佛只有这样才能够表现出自己也很酷,能与这些人打成一片;当某首歌曲流行起来,你却还在听一些老歌时,就会被人说"你out(落伍)了";甚至有些人会共同嘲笑一个可能性格有些孤僻的同学,以此来获得彼此的认同感。成人的世界也是如此,当大家都在酒场上夸夸其谈互相劝酒的时候,你坚持不喝就会被认为不识抬举;当你不愿和大家聊一些低俗话题的时候,也会被认为是装清高、假深沉。

我因为不合群吃过很多亏,被亲人责怪,被同学嘲笑,被长辈训斥,但是我依旧选择了坚持自我,不盲从也不妥协。后来我才明白,我们都是人,却不属于同类。人和人之间,三观可以天差地别,有些人的三观可以大大颠覆你的认知。你无法在一个与你三观不同的人那里找到认同感,原本不在一个频率,也就不会有共同语言,一味地迎合别人来实现所谓的合群其实只是在浪费时间。

02

写手阿萌是我很喜欢的一个作者,有一次我问他怎么没在朋友圈发过文章,他给我讲了他的故事。

他是个不喜欢张扬的人,上了一所不知名的大学,没事的时候就喜欢待在宿舍里,并不想参加任何活动,在他眼里那些活动都十分无聊。自己力所能及的事情他也不喜欢请别人帮忙。他只想安静地思考和写作,他已经习惯了一个人吃饭,一个人走路,一个人泡图书馆。他说独处的时候可以认真思考自己的梦想和人生。

身边的同学渐渐因他的不合群而嘲笑和排挤他。他的室友们整天待在宿舍里打游戏,看到阿萌看书就说他装相;当他从图书馆回到宿舍,舍友又会冷嘲热讽地说:"大作家回来了呀!"他从来都只是笑笑不说话,他不擅长表达,也不想解释什么。

2016年,阿萌开通了自己的公众号,同时也开始在各个网站和杂志上发表文章,特长慢慢得以展示。他开始有了一批粉丝,也认识了很多志同道合的人,当然,他什么也没有跟自己的同学说。阿萌从来不在朋友圈发自己的文章,一方面是不想让身边的同学对自己胡乱评价,另一方面也是想着要厚积薄发,等自己小有成就了再把自己所坚持的事情公之于众。

其实阿萌并不是一个孤僻的人,他在和我聊天的时候简直像个话痨,和自己的好朋友打电话也总能滔滔不绝地聊上两个小时。没错,和有共同语言的人聊天是很愉快的事情,而要和自己聊不来的人装成好哥们儿真的很累。现在的阿萌已经小有成就,在新媒体领域做得风生水起,他的不合群也终于给了他正向的反馈。

在农耕文明时期,人们有着"大集体"的传统思想,那时的许多事确实是需要大家团结起来完成的。而在如今这个高度现代化的社会,熟人关系不再是人们赖以生存的最佳途径,个人需求越来越被重视,人的自我意识日渐觉醒,更加注重自我心理的舒适,但依旧有很多人活在假装合群的状态里。为了所谓的合群,他们不仅浪费了宝贵的时间,也错过了许多属于自己的快乐。

想回家陪陪家人,却为了合群而参加无聊尴尬的酒局;想一个人安静地看一本书,却因为怕被室友孤立而跟着一起打游戏;不喜欢追星,却为了跟朋友有共同话题,开始了解八卦新闻;原本还没有做好结婚的准备,也没有遇到合适的人,却因为要和身边的人同步,随便地开始了结婚、生娃、带孩子的生活;等等。

合群才能交到更多朋友,锻炼与人交往的能力才能在事业上有所成就,这种说法有一定道理,但并不适合每一个人。我们不能要求每个人都合群,纵观历史名人,我们会发现,凡有成就者大多极具个性,并非随波逐流者。

余华在《在细雨中呼喊》中写道:"我不再装模作样地拥有很多朋友,而是回到了孤单之中,以真正的我开始了独自的生活。有时我也会因为寂寞而难以忍受空虚的折磨,但我宁愿以这样的方式来维护自己的自尊,也不愿以耻辱为代价去换取那种表面的朋友。"

对有些人而言,虚无比虚伪更加高贵。但这有一个前提,就是要在不盲目合群的状态下沉淀自己,或获得令人仰慕的事业成就,或度过充实而温情的日常时光,所有做出的抉择都是忠于内心。

喜欢尼采的人一定听过"雄鹰决不结队飞翔,那种事应当留给燕雀去做……高飞远翥,张牙舞爪,才是伟大天才的本色"这句话。中国古代也有句老话——燕雀安知鸿鹄之志。叽叽喳喳的燕雀总是成群结队的,孤傲的雄鹰才能够展翅高飞。

大多数人都是害怕孤独的,无法独处,忍受不了寂寞,只能努力地融入身边人的圈子以获得群体的认同,因此,必然会牺牲掉一些个性。我们违心地选择做"大多数",只会让自己越来越平庸。

03

可能是人以群分,我的身边有很多不合群的朋友,他们往往都有几个相似的特点。

第一,喜爱的事物过于小众。

大众喜欢追星、打游戏、追剧、聊八卦,而他们却喜欢玩爬宠、看歌剧、写手账、读小众文学等。爱好偏小众的人当然和身边的大多数人没有很多的共同语言,志趣不同,自然容易显得和别人格格不入。

第二,不善与人打交道。

周国平写道:"我天性不宜交际。在多数场合,我不是觉得对方乏味,就是害怕对方觉得我乏味。可是我既不愿忍受对方的乏味,也不愿费劲使自己显得有趣,那都太累了。我独处时最轻松,因为我不觉得自己乏味,即使乏味,也自己承受,不累及他人,无须感到不安。"

与人打交道是一件很累的事情。有的人不善言谈、内向或自卑,担心自己的冷淡会给别人带来尴尬,所以更喜欢一个人轻松自在、无所顾忌的状态。

第三，享受独处的乐趣。

喜欢独处的人，精神世界往往更丰富，他们在最为轻松自由的状态下，思己所思，做己想做。人只有独处时才会产生更深层次的思考。我们的不合群并非孤僻，只是不愿意和自己不喜欢的人合群，更喜欢做自己喜欢的事。我们不应该为自己的不合群而感到苦恼，也不必为了所谓的合群浪费自己的时间。

我自己也不是合群的人，始终不想融入集体，有时会被孤立，有时会被人诟病。我曾自我反省，也曾尝试改变，但最终发现那些都并非本心，所以，我选择坚持自己。我虽然不合群，却有很多朋友。我的朋友不是那些单纯认识的同学或同事，而是经过长时间的积累沉淀下来的和我志同道合的人。寻找自己喜欢的圈子并且融入其中，才能保证你是自由的。

尽管我友似群，却常孤身一人。我特意留出属于自己的时间，一个人看书，一个人发呆，一个人思考，一个人哭泣。从某种程度上来说，这也是一种难以言喻的美妙。如果你和我一样，都是不合群的人，那就去发现自己真正热爱的事物，找到和自己聊得来的朋友吧。一个人的时候可以安静地看书、练字、健身、思考人生，遇到知己时就把自己的想法分享给知己。

学会享受独处，在与自己的对话中获得乐趣，自我反省，自我激励。当你按照自己的想法去做一些喜欢的事情，不受群体的约束和命令的时候，获得的其实是一种莫大的自由，这是一份来自孤独的礼物。

哪怕目前没有遇到志同道合的人，也不要害怕一个人做一些事，不能因为没有同道中人就不去做喜欢的事情，更不要因为害怕孤独就逃避独处。你终究会明白，人生总有些路要一个人去走。

不介意孤独，
也不介意与人舒服地相处

01

小时候的我很喜欢到处跑，总是呼朋引伴一起上学、打闹，我觉得我一刻也不能自己待着，放学回家之后，吃完饭就又会去外面疯跑。那时候如果我一个人走在街上，就会感觉自己很突兀，浑身不自在，感觉别人看我的目光里都带着同情。我也会为此感到尴尬，外出买东西都会找个人一起，很讨厌那种孤身一人的感觉。

后来慢慢长大，能在一起有说有笑、打打闹闹的朋友越来越少。上了大学，我开始一个人去食堂吃饭，一个人回宿舍，一个人去图书馆，凡事都一个人去做，习惯之后，慢慢不再感觉奇怪。

其他人有时候会觉得我特立独行，但我确实是没有遇到与自己合拍的人。

当大家在做任何事情都更懂得考虑他人的感受时，似乎也就开始隐藏起真实的自己。与人深交越来越难，反而一个人独来独往时感觉最自由。我很少麻烦别人，但凡能自己解决的都自己去处理，我一直认为麻烦别人是一件难以启齿的事情。

遇到的人越多，就越发现真正可以聊得来的人真不多。成年人的世界不像小时候那么纯粹，和别人相处时要讲情商，要互相迁就，人不能处于一个完全放松的状态。更多的时候，我们也都想要找到聊得来的好友，可谁都不愿意主动去了解别人，就算有几个好友，也都喜欢有自己的时间和空间，只能抽空小聚。

上厕所都需要人陪的人是无法理解为什么有些人会选择独来独往的，他们会觉得这种人是无趣的。可对我而言，一个人的时候是最轻松自在的。我性情温和，喜欢安静，不善应酬，虽然会被误认为很高冷，但了解之后会觉得我很平易近人。

02

我们不可能永远有人陪伴，总归是要一个人生活的，至少有一段时间。独处是一种"超能力"。

独来独往的我们，当然要试着学会享受一个人的生活，不会因为身边人的离开而郁闷不安。现在的我，即使几天不说话都没关系，我很享受一个人的时光，独处的时候内心平和宁静。曾经，我以为孤独是需要战胜的，现在才发现每一个人都是一个孤独星球，孤独渐渐成了自己的影子，于是我与它成了朋友，相依为命。

孤独不一定就是沮丧寂寞的，还可能是富足自由的。一个人看电影，觉得很自在；一个人旅行，感觉看到了不一样的风景；一个人买菜做饭，认为不需要多好看，好吃就行。独来独往并不可怕，我真正感到寂寞时，往往都不是一个人，而是身处在人群中。

和同学们在KTV唱歌的时候，我一个人待在角落，一连几个小时的歌声加上酒劲让我昏昏沉沉。蒙眬中看着眼前的身影，忽然感觉面对这些人，除了反复地咀嚼那些过往的记忆，根本没有其他话可说。对于每一个人我都有一种刚刚结识的陌生感，无法融入其中又被困在原地，只觉身心俱疲，感到不可名状的孤独。

和自己喜欢的人吃饭，明明聊得很开心，离得也很近，但发现两个人之间的距离却很遥远。回家的路上车水马龙，手机里有着"路上注意安全"的叮嘱短信，但那一刻竟然会感到不安，忽然产生了强烈的孤独感。

朋友离开北京打算回家发展,离开的前两天陪他逛南锣鼓巷,晚上伴着灯红酒绿和人来人往,我们坐在一起谈笑。他是从小和我一起长大的朋友,我们几乎每天都在一起玩,如今却要各奔东西,未来更是一年难得见上一面,那个瞬间,我感到一股冷风夹着令人窒息的孤独感向我袭来。

我们都愿意与人交往,可偌大的世界却少有人懂得自己。相交满天下,知己无一人。索性一个人自在独行,偶尔约上三两好友把酒言欢,已然足矣。

03

每个人身边可能都会有这样的人——与人为善,却喜欢独来独往。我是这样的人,也许你也是。我们这种人不懂拒绝,恐惧社交,担心麻烦到别人,宁愿为难自己也不愿意伤害别人,别人对我们稍微好一点儿,我们就会觉得不好意思,感觉亏欠对方。

我们之所以喜欢独来独往,其实是出于自我保护的意识。我们能够感知别人的痛苦,处处都会给人留情面,凡事宁可自己吃亏,不然心里就会特别过意不去。但并不是所有的人都是如此。

也有很多人很直接，心直口快，缺乏同理心，不会过多顾虑别人的颜面。和这种人相比，我们这类人在人际交往中往往是费力不讨好的一方。

交往的人越多，自己的消耗越大；朋友越多，越感到倦累。而我们也曾试着拒绝别人，想着要有话直说，但每次事到临头又不忍心。对于我们这样的人而言，让别人痛苦就会让自己更痛苦，所以我们选择减少社交。我们不是讨厌社交，也不是抵触社交，而是只想和能交往的人交往。独来独往的人不一定缺朋友，我们更喜欢和志同道合的人在一起。我们在群体中容易显得格格不入，因为我们并不擅长也不愿意虚与委蛇。如果你留心观察，就会发现这些独来独往的人都是外冷内热的。无论表现出来的有多高冷，接触之后你就会明白，一旦成为朋友，他们会给你带来意想不到的惊喜。

04

我想，喜欢独来独往的人都会苦恼，因为不能融入群体中，而生活却在逼你改变，要求你有高情商，具备和所有人交朋友的能力，成为别人都喜欢的人。

在我看来，社交的作用被无限放大了。社交的主要目的无非是陪伴和帮助。能够陪伴自己的肯定得是合得来的人，与这样的人相处让我们感到舒适，这样的人是我们的同类。可同类万中无一，我们身边多的是泛泛之交，如果非要强迫自己融入这样的群体，会让自己特别辛苦。

为了合群强迫自己承受这种不必要的痛苦是本末倒置的，所以尽量不要勉强自己，不必太在意别人怎么说，因为你的生活还得自己过。只要你有能力把握自己内心的真实诉求，就完全可以不在意其他人的看法和意见，真正地做自己。

生活中，我们可以看到很多人一边抱怨活得太累，一边又无底线地选择妥协；一边觉得别人过得洒脱，一边又不肯摆脱世俗的条条框框。最终，既没能坚定地做自己，也没有成为世俗认定的那种人。

当然，不是说每一个人都应该独来独往，而是说要以更开放的心态来看待所有人，遇到独来独往的人，不要戴着有色眼镜去看待，更不要党同伐异。每一个人都有让自己舒适的生活方式，世界应该接纳更多的不同。

那些待人友善却总是独来独往的人，他们只是单纯地不想让自己活得那么累，不勉强自己做不喜欢的事。待人友善是这些人的修养,独来独往是他们的性格。人类的性格有千百种,每个人都不同,他们只是选择了和自己喜欢的人在一起,做自己喜欢的事,和聊得来的人交往,仅此而已。

孤独终老远比我们想象的复杂

01

  2018年民政部的数据显示：中国的单身成年人口已经超过了2亿，独居成年人口也超过了7700万，并且还将持续增加。按照这个趋势，独居在未来可能会成为十分普遍的生活方式。随着自我意识的增强，越来越多的人选择"不婚""丁克"等生活方式，传统的婚姻观面临着时代变迁的巨大考验。更直白地说，谁也不敢说会和谁一起走到生命的终点，而孤独则成了必须面对的问题。对于现在的很多年轻人来说，谁都不愿意将就着过一辈子，宁可独身，也不愿委屈自己。

  也许你现在正在享受一个人的美好时光，活跃在各大社交媒体，向全世界宣布自己经济独立、思想独立，完全可以一个人过好这一生。然而回到现实生活中，请你认真地想一下，自己真的可以一直孤独地生活下去吗？

你有没有想过，自己也许会孤独终老，或者在人生最后的一段时光只有自己。你不得不承认，孤独没有那么文艺，它比我们想象的更加沉重。

02

日本NHK曾推出过一部纪录片，名字叫《无缘社会——无缘死的冲击》，它记录了日本的某种现象。所谓无缘社会，指的是许多年轻人没有朋友，无社缘；和家庭关系疏离甚至崩坏，无血缘；与家乡的关系也属于隔离断绝，无地缘。

很多人年轻时独自一人在外生活，没有组建家庭，老了之后没有儿女亲属，他们最终都会走向"无缘死"，在孤独中死去。这样去世的人，在日本每年超过了32000人。

纪录片最先讲述的是一个叫小林忠利的男子，他在年轻的时候怀揣梦想来到东京打拼，他兢兢业业地工作，多年来也没有结婚生子。后来父母去世，再回到家乡时，只剩下父母的灵位。因亲人渐渐离去，他再也没有回到故乡。直到退休后，他独自一人生活，没有朋友，没有亲人，死在房间五天后才被人发现。即使被发现了，他的尸骨也无处安放。小林忠利是孤独的，把一生献给了工作，最后孤独地迎接死亡，没有人可以牵挂，也没有人记挂着他。

常川善治是一名出租车司机，他在父母死后就渐渐和亲戚们断了联系，就连自己的哥哥也很少联络。他在孤独中度过了最后的光阴，死后同样无人知晓。

若山钵子年轻时努力挣钱，也取得了很大的成就，但是因为忙于工作没有选择结婚，到了晚年父母双双离世后，只能一个人独自生活。她意识到自己终将"无缘死"是在她得了癌症，孤零零地一个人去医院化疗时。为了避免出门，她开始不断地囤积食物。年已古稀的她对记者说："我也是个好强的女人。说不寂寞，那是骗人的，最近一想这些事就掉眼泪。"她能够预见自己变成一堆白骨时，也没人知道。

这些人年轻的时候就过着独居的生活，等到亲人故去，就与家乡失去了联系，晚年往往过得很悲惨。有的人死后，尸体无人认领，火化后会被当成垃圾扔掉。

我们的国家正处在城市化飞速发展的进程中，人与人之间的关系越来越淡漠，人与故乡的距离也越来越遥远。很多年轻人在大学毕业后就背井离乡，过着与亲友分离的生活。我们认为自己勇敢又兼具个性，可以无所顾虑，是因为我们还年轻，何况父母尚在，还有人给我们兜底。

每当有人表现出对孤独终老毫不在乎或是觉得孤独没什么大不了的时候，我都希望他可以认真地思考一下，因为孤独终老远比我们想象的要难得多，孤独感远比我们想的更让人煎熬。

03

《无缘社会》节目组一共收集了14000通来电：

我是一名20岁的男性，说实话我感到非常孤独，甚至有过自杀的念头。希望身边的人能和我打个招呼，随便说什么都好。

没有任何人来帮我，已经到极限了，孤独得难以忍受，我的心快要碎了。

我是一个注定生无可依的人。

他们害怕与别人建立联系，因为担心有一天关系破裂之后会更痛苦，渐渐地越来越不知道如何与人交流了。

孤独感是一种强烈的情绪。也许许多人也会在平淡的生活中偶尔感到一丝空虚和寂寞，但我们知道这是暂时的。对于一无所有的人来说，孤独感可能是致命的，蓦然，天地之间，仿佛只剩自己。

人生在世，孤独是绕不开的话题，而孤独终老远比我们想象的更复杂。孤独是一种常态，比孤独终老更可怕的是不能与孤独握手言和。如果你注定会孤独终老，那就先学会和孤独相处。

04

孤独终老是一种什么体验呢？

对于大部分普通人来说，孤独终老意味着寂寞、无助、恐慌、无奈。现在的农村里就有很多空巢老人每天独自坐在门口，眼神呆滞，我们的未来也许会更悲惨。因为现在的空巢老人至少还处于一个"熟人圈"，有村子里的熟人、朋友相伴，还有子孙后代可以期盼。而我们这一代到了那个时候，或许只能独自承受这份孤独。

如果预见到不可避免的孤独未来，那么从现在开始就要未雨绸缪。我们需要储蓄。倘若我们60岁退休，要想体面地度过余生，我们必须有足够的存款。我们要有丰富的精神世界，培养一个能让自己沉浸其中的爱好，让它成为精神支撑。不要视孤独为敌人，如果可以，顺其自然地交个志同道合的朋友也不错。这些是为了能更好地孤独终老要做的准备。但还有一种特殊的情况，就是极致的孤独。

在极致的孤独下，人是无能为力的。年轻人之所以能够在兴趣爱好中得到满足，在与朋友交往时感到愉悦，是因为他们拥有希望，背后有一个温暖的家，或者有其他可以抚慰自己的人。而对于年老、希望彻底破碎的人来说，任何事物都不能让他们好奇和兴奋，他们最终会在这种极致的孤独中离开世界。

未雨绸缪不是坏事。假如你打算不结婚或者不生孩子，哪怕孤独也要过自己真正想要的生活，那么趁年轻多攒些钱不是坏事。如果有幸遇到志同道合的朋友，也许有一天在即将离开世界的时候，可以先给对方发一条消息——记得来我家帮忙收个尸。

别因为敏感，
让心被委屈填满

01

在生活中有很多外冷内热的人，这一类人很多都是高敏感型人格。他们内心敏感细腻，内心活动也更丰富。他们会因为别人的一句话而想很多；会因为担心别人不高兴而不好意思拒绝；会因为自己所做的事情不够完美而强烈地自责；会表现得很懂事，宁愿自己吃亏也不想让别人为难；不喜欢人多喧闹的场合，只想与三五好友小聚；不会轻易开口找人帮忙，不愿意给别人添麻烦；会因为不合群而感受到压力；时常因为敏感觉得又累又委屈而想要改变，但始终还是以疏离的姿态活在自己的世界里。

敏感的人总是更多地考虑别人的看法。我自己就是一个敏感的人，还是很了解敏感类的人的内心的。

我从很小的时候就很会察言观色，能够从言语和肢体动作察觉到别人的情绪和内心，他们每一个细微的情绪波动我都能捕捉到，从而不断地依据别人的情绪来调节自己的节奏，尽量让别人感到舒适。

原本我以为这是一种"超能力"，认为在人际交往中是一种高情商的表现。后来我发现这样真的太累，很多时候都是讨好了别人而委屈了自己。

敏感的人都有很强的深度理解能力，只需要给一点暗示就能读懂背后的意思，不太可能会让别人感到为难或是不舒服，甚至会因为顾忌别人的感受而牺牲自己的部分利益。

我有个朋友很内向，不擅长和别人打交道，特别是和同事相处。每当她从一群同事身边走过，她就觉得所有人的目光都聚焦在她身上，听到他们的笑声就感觉是同事们在偷偷嘲笑她，内心非常不安。有时候还会觉得别人的某一句话是在针对她，但她又不肯当面问个清楚，只能在内心不停地烦闷、纠结。

我告诉她，如果再听到同事在笑，觉得是针对自己的时候，不妨走过去听听他们究竟在聊什么；如果感觉有人在看你，也不必躲闪，自然地直视对方，肯定会有意想不到的结果。她硬着头皮试了试后对我说，果然不出我所料，同事之间的谈笑并不是关于她的，和别人对视时，别人还会冲她微笑。她释然了，不再为此耿耿于怀，独自纠结。

所以，敏感的人只是因为心思太过细腻而对很多人和事产生了一些过度解读，当发现一切都只是自己想太多的时候，就不会再为此感到痛苦。其实，我们对别人来说并没有那么重要，不用太在意别人，做好自己就好了，何况大家都很忙，顾不上总是谈论你。太宰治说："太敏感的人会体谅到他人的痛苦，自然就无法轻易做到坦率。所谓的坦率，其实就是暴力。"

因为内心敏感，我们能读懂别人的情绪，理解别人的痛苦，总想着要帮别人分担一些或是不忍心让别人再因为自己而更加痛苦，这样往往会使自己活得不够自在和洒脱。而那些性格大大咧咧的人不会想那么多，他们更容易快乐。从某种意义上来讲，想要真正活得坦率有时候就需要这样，哪怕是显得"自私"一点，只要我们没有主动去伤害别人，都是可以的，不要因为没有无私地帮到别人而感到自责。我们有时会觉得不应该让别人难堪，说话委婉一些，别人需要帮忙时一定要尽心尽力，但更多时候，这样的善良会被视为软弱，会被人当成弱点来攻击。

我们不用太在意别人的想法，首先应该关注的是自己的内心。

先学会好好爱自己，才能够更好地对待别人。

02

很多人都认为性格敏感是一种心理障碍。从小到大，父母和老师都希望我们成为外向、开朗的人，而敏感人群却被贴上了"孤僻""自卑""玻璃心"的标签。敏感的人通常喜欢独来独往，很难与人进行争辩，受了委屈也会选择一个人消化，在别人眼里显得十分孤僻。

每一个内心敏感的人都曾听过"你想那么多干什么"这样的话，而现实往往是，他们确实会不漏任何细节地去想那些事的前因后果。想得多不代表想错，多思考并非一件坏事。

有一次，领导对一位同事写的文案不满意，当着所有人的面斥责他，丝毫没有顾忌他的颜面，同事当场并没有反驳，但心里很恼怒。因为这件事，他变得每当面对这个领导的时候就会很紧张，感觉压力很大，甚至开始失眠。他对我诉过苦，我非常理解。在文化创意行业，轻松自在的环境可以更好地激发灵感，心情愉悦也可以提高工作效率。

同样的话，他也和另一个人说起过，但对方却认为他有点脆弱,还没能适应职场,让他对待工作要厚脸皮一些。当然,在当今社会,很多厚脸皮的人看起来活得更舒服一些,但这不意味着我们没有不开心的权利。成年人应该互相尊重,说每一句话的时候都应该考虑别人的感受。

好好说话是重要的人际交往规则。在我们还是学生时,老师就教育我们,任何时候都不能随意羞辱和谩骂他人。进入职场之后,领导可以对我们在工作中出现的问题提出批评,但不应该伤害员工的尊严,这是最基本的修养。

在那件事之后,那位领导手下的几名员工都因为和他有矛盾先后选择了离职。这样的领导方式是难以获得人心的,团队内部尚不齐心,业绩更是无从谈起了。

如果你上学时因为同学的某句话、工作后因为同事的某句话而感到难过,请不必为此自责。难过是我们的本能,谁也不能剥夺这份权利。有时候我也很疑惑,那些厚着脸皮选择迎合的人真的是最适应社会生存规则的人吗?

所谓的迎合会助长某些人的陋习,这不应该是年轻人推崇的方式。

03

敏感的人大多数都很善良，因为太善良，连别人那些与自己无关的情绪也会揽到身上，会太过顾忌他人的感受而不好意思口出恶言；做事的时候格外将心比心，总是尽力让每个人和自己相处都感到舒服；遇到问题总是会尽量自己解决，生怕麻烦到别人，把自己弄得很累。

即便如此，敏感在很多人眼里仍然是负面的，敏感的人还会被某些人认为是软弱可欺的。

敏感的人说话做事都顾虑太多，怕自己会轻易地伤害别人。有些人却利用这一点来伤害你，肆无忌惮地利用你的善良，不计后果地攻击你。敏感的你，一定会感到委屈吧？明明在做好事，反而成了别人射击的靶子；明明很努力地想照顾到每个人的感受，却没有得到任何一个人的认可。

在这里，我想为内心敏感的人正名。敏感者多是善良、真诚、可爱的人，他们没有太多的言语表达，但是有着细腻的内心和丰富的精神世界，哪怕表面上看起来有一些冷淡，深入了解之后，却可以发现他们都有一颗温暖的心。

珍惜你身边那些内心敏感的人，他们要的不多，只是彼此的尊重而已。同时，我也愿每一个敏感的人都能找到与人相处最舒服的状态。

最后，愿敏感的你可以遇到真正懂你的人。

当你足够厉害，
人脉自然会来

01

友谊是何时消失的？我觉得是从越来越多的人把它称为"人脉"开始的。我想你一定听过这样一句话：能力比学历重要，人脉比能力重要。如果你对它深信不疑，那就继续往下看吧。

我的好朋友阿远刚刚上大学的时候就把同学视作自己将来的人脉，他学着父辈们的样子进行人际交往，积极加入学生会，不是在学生会忙前忙后，就是忙着和一群人在酒桌饭局上称兄道弟，积累了很多所谓的人脉。他觉得如果不这样，将来肯定不能很好地在社会上立足。

之后的一次聚餐上，阿远的变化之大让我十分惊讶。他开始打起了官腔，而且变得很油滑，场面话说起来一套一套的，拼酒的架势像是要不醉不归。他不停地向我们吹嘘自己认识了多少学霸，下学期就能当上学生会主席。我私下里和他说这种关系并不真诚可靠，却被他用"幼稚"二字怼了回来。

我是亲身感受过世态炎凉的。你幻想着大范围的交际可以让你在将来需要帮助的时候有人拉你一把，但这个社会在某种程度上仍旧遵循着弱肉强食的丛林法则，你会发现，更多的时候并没有人会真的愿意帮你，除非你的价值和你所说的人脉处于远远高于他们的状态。更直白地说，就是人际交往是以朋友的名义互相帮忙和彼此利用，所以你要有利用的价值才能够与人进行等价交换。不要以为经营人脉就是为自己铺路，你只是在给自己所浪费的时间找个借口罢了。

02

一个人认识什么样的人以及别人怎样看待你，很大程度上取决于自身的高度，一味地追求人脉只会适得其反。千万不要在一无所有的年纪苦苦经营所谓的人脉，你能接触到的人这时都和你一样在奋斗中。只有肯下功夫提高能力，提升自己的品格，才可能吸引同样优秀的人主动和你交往。

成熟的人都很清楚，人与人之间的交往看得最重的永远是人品，在酒局上油腔滑调的人自以为精明，其实却似一个跳梁小丑。大多数人对一个人的评价更多的是取决于做事靠不靠谱，而不是话说得漂不漂亮。只说不做的人也许一开始可以取得一些人的信任，但接触和熟悉之后，本性早晚会暴露无遗。

有些人看起来很老实，不显山露水，也不说场面话，但办事稳妥。朋友之间交往，一旦你有个难处，能伸手拉你一把的往往是这样的人。所以，建议大家还是把朋友和人脉分开，朋友之间的友谊是纯粹且不掺杂利益的，也是需要用心维系的。朋友不是越多越好，重要的是能交心。

我有一个同乡在北京不小心摔断了腿，去医院看他的只有自己的几个亲戚和认识多年的哥们儿，而在北京认识的那些所谓的朋友没有一个去看他的。我也知道一个牛津大学毕业回国创业的年轻人，事业风生水起时身边有很多人，失败之后，那些朋友一哄而散，再也不和他来往。

03

一次跟一个前辈聊到人脉，他说自己年轻的时候也是兄弟成群，光拜过把子的兄弟就有好几批，可现在都忙着各自的生活，很少联系。就算真遇到什么事，估计那些人也是袖手旁观的。

真正的朋友当然有。他们能够在你遇到人生陷阱时伸出援手，不是因为你对他们有用，而是因为你是朋友，仅此而已。很多时候人们坚信自己所经营的人脉圈子是稳固的，如果没有遇到人生中一些重大的挫折，可能的确如此。

我们在生活中会遇到很多人，每个人都在过自己的生活，希望活成自己想要的样子。在我看来，我们不必从他人身上寻找自己的存在感，改变自己的同时，你身边的人和事自然会随之改变。

看路上的繁华，走自己的人生。无须为取悦别人而违心地笑，也不用为伪装感动而刻意地哭。世界就是这样，无论贫穷富贵都会有不同的无奈，做好自己，不刻意迎合他人，努力地实现自己的价值，不用勉强自己去经营所谓的人脉。如果人生旅途中有幸可以遇见几个挚友，结伴而行，那就再好不过了。

我不是不想说话，
只是不想和你说话

01

以前在网上看到热门新闻下的一些让我气愤的评论时，我都会和对方争执几个回合，当谁都说服不了谁时，就会用难听的话狠狠地攻击一下对方，然后远离这种人。而现在，无论是在网上还是生活中，即便有人说的每句话我都不赞同，我也不会再与人争执，当彼此的志趣和三观都有巨大的差别时，多说一句，就是多折磨自己一次。

我不吸烟、不喝酒、不打游戏、不看"杀"时间的综艺、不喜欢吹牛，更不喜欢说废话，在很多人的眼里，我是个无趣的人。我从不反驳，只是继续过好自己的生活，因为我很清楚，不是我无趣，只是我们志趣不同而已。我们的世界本就没有交集，你却跑过来摆出一副关心我的样子对我说："你这个人怎么那么不爱说话？你这样会被社会淘汰的。"可是，我和你有什么可说的呢？

有一种人好像什么都懂，万事万物都要点评一下。《动物世界》里聊到鳄鱼时，他说鳄鱼肉不好吃，应该是酸的，我惊讶地问他是否吃过，他摇摇头后开始疯狂分析鳄鱼肉为什么是酸的，我只能沉默。我借了本韩寒的《杂的文》，他看到之后对我说："韩寒的书你也看？"我问他是否看过，他仍然摇头，我只好继续沉默。

对于无知的人，我不与他们来往便是了；而碰到不懂装懂的人，我也不会和他们争辩，因为有的人是没办法正常沟通的，如果实在避不开，那只需聊聊日常就行了，比如早上吃的是什么或是晚上几点睡。慢慢地，我越来越能掌握说话的分寸感。我们有时候不能完全拒绝和某些人交流，但面对不同的人，可以选择讨论不同的话题。

还有一种人，看似能说会道，但实际上只是吹牛而已，他们整天混在人堆里扯东扯西。有人认为这种人才是会为人处世的，只有这种人才会有高情商。但吹牛和高情商并不是一回事，真正的高情商指的是在与人相处时懂得控制情绪并可以充分地考虑对方的感受，从而让对方感到舒服。

这种人在自己滔滔不绝说着的时候会感到特别满足，因为所有人都在看着他，他特别享受别人的目光都在自己身上的感觉，有时候，他还会开两句一群人中存在感最弱的那个人的玩笑，以显得自己很幽默。这是情商极低的表现，非常令人反感。

很多人还会认为在人前只说好话或者让人帮忙时好话不停的人是成熟的，我身边就有不少这种"成熟"的人。平常聊天时，属他嗓门最大，有事拜托我的时候说话最好听，但如果碰到需要他帮忙的事，就会从他嘴里听到"麻烦死了"这样的话。这种在很多人眼里是高情商的人其实是最自私的，他们往往热衷于在人群中表现自己，会为了突出自己而贬低别人，这种人在生活中是需要远离的。

02

"酒逢知己千杯少，话不投机半句多"是有一定道理的，不要为了迎合别人而伪装自己，不要一次又一次地强颜欢笑，把自己弄得身心俱疲是得不偿失的。

现代社会的人们是具有流动性的，不再像原来一样那么看重熟人的圈子，一辈子可能只在一个地方，接触的都是固定的一群人。时代的进步带来了巨大的改变，现在每个人都可以不断扩展自己的圈子，如果不喜欢周围的人，有很多方式去认识其他的人，接触自己喜欢的事物，找到让自己感到舒服的人交往，和喜欢的人做朋友。选择自己喜欢的人和事，是最好不过的。社会压力那么大，每个人都很忙，完全没有必要因为几个不相干的人对自己说了几句难听的话而影响我们的心情。

面对志趣相同的朋友，我是个一打电话就不少于两个小时的话痨，给我一杯水我能说到天亮，但是对于有些人，我却无话可说。你身边一定也有很多和我一样的人，请不要去打扰沉默的对方，他或许是在给你留面子而不肯拆穿某些谎言，又或许是正在沉思，如果你非要改变这种状态，那你就成了他的不速之客。不是话多者就聪明，有的人不跟你说话，也许是压根儿不想理你。

不要试图浪费精力去改变一个人长久以来形成的观念，除非这个人对你很重要。遇到观念不同的人，大可点头而过，不必深交，也不必勉强自己去磨合，这样对双方来说都会轻松一些。我们越来越不在意那些虚伪和无聊的废话，但也不必对每一个自己看不惯的人都恶语相向。生活的琐事让我们柔软且敏感的心渐渐被打磨得足以过滤和抗拒任何不合时宜的言语，我们也慢慢可以透过这些表象认清一个人内在的品质，从而决定我们面对他的态度。

每个人活着的目的都不是费尽心力地迎合别人，每个人都可以、也理应遇到喜欢的人和事，我始终相信这一点。

没人会拒绝一个
懂得关心自己感受的人

01

有个朋友跑来跟我抱怨：他在宿舍里看王朔的《我是你爸爸》，结果被一个室友看到，从此见到自己便经常说"我是你爸爸"。这个梗被传开了，好多同学见了他也说这句话。

这件事让他很不爽，特别是在几个同学当着全班同学的面把这当成玩笑说的时候。他们根本没看过那本书，也不知道王朔在那本书中表达的骨肉亲情，更不知道这种无聊的玩笑已经惹得自己的同学对他们很反感。

类似这样的情形还有很多，最常见的就是有的人会用别人的缺点起外号，肆无忌惮地开玩笑，被开玩笑的人还要配合才能让他们满足，如果当事人不高兴，他们还会露出一脸的鄙夷说："真不识趣，连这点儿玩笑都开不起！"

我劝那位朋友别理他们，做自己就好。他说不仅是这件事，他们宿舍里还有人半夜放歌，起床的时候晃床，对每个人的兴趣爱好都大肆评价，甚至对别人的家事也指指点点，有什么热点新闻也喜欢把自己的观点强加给别人，这些都让人感到很不舒服。

02

与人相处，最重要的是让彼此感到舒服。自己的言谈举止应该要顾及对方的感受，不能只图自己说话痛快而冒犯别人，你的快乐没有权利建立在别人的痛苦之上。

我想起发生在朋友阿强身上的一件事。阿强的朋友曾经向他借了一千块钱，没几天就还给了他，后来他那个朋友又向他借了两千块，俗话说"好借好还，再借不难"，阿强二话没说又借给了他，但这一次肉包子打狗——有去无回了。阿强不好意思张口要，就当用两千块钱认清了一个人，自己也算是买个教训。他不打算要钱了，也不打算再和那个朋友有任何来往。

有人这样总结过：当有人向你借钱，你不借，他会很烦，但你借给他再去向他要的时候，他比你不借给他钱的时候还要烦。借钱最容易暴露人品。与人相处难免会涉及金钱上的往来，我们尽量自己解决问题，尽可能地少向别人借钱，即便遇到急事需要向人借钱，也要尽快还上，避免双方因钱产生芥蒂，让大家都很不愉快。

谈钱并不伤感情，但很多人会以感情的名义"绑架"朋友。他需要钱的时候，便觉得你理所应当要借钱给他，也因为你们的关系，借给他之后你很难开口向他要。他并没有想过自己的行为是为难别人的，而这样的行为足以破坏彼此之间的信任，毁了两个人的感情。

03

小时候的我在家里是毫无顾忌的，哪怕只穿短裤来回走动也无所谓，但如果去朋友家就不一样了，我会尽量地控制自己不像在家时那样随意，也不会大声说话，尽量让对方可以像自己一个人在家时一样轻松，不会因为我的存在而感觉像异物扎进皮肤那样难受。

长大之后再去想这个问题，我发现人与人之间的交往就应该如此。我们对别人说的每句话和做的每件事都或多或少会对别人产生影响，那我们为什么不在说话和做事的时候多考虑一下对方的感受呢？

借的汽车还给别人的时候加满油，借的充电宝还的时候充满电……这些小事往往会被人忽略。千万不要觉得别人帮你的忙是理所当然的，没人理应无条件地对你好，连父母也不例外。

说个上学时很平常的事：当时宿舍里如果有人去交电费，我总是当着所有室友的面给他转账，为的是提醒其他人也一起把钱转给他，毕竟他不好意思一个个地问我们要这点钱。很多时候，你的一个小小的举动能够带给身边人特别大的正能量，也正是这些举动才最能看出一个人的品格。与人为善并不需要刻意学习，这只是生活中简单的一个利人的习惯。

在生活中，我们常常会遇到两种人。一种人能说会道，刚认识不久就可以和对方称兄道弟，很多人会觉得和这种人交往很爽快，但是时间一长就会发现这种人只是嘴上说得好听，做事一点都不牢靠，特别的圆滑世故。另一种人并不长于口舌，会给人一种疏离感，刚接触的时候会感觉他像个闷葫芦，但交往久了会让人感觉特别踏实，说话做事都让人放心。生活中一定有很多人觉得前一种人会办事、有能耐，而我认为后一种人才更值得深交。

84

"良言一句三冬暖,恶语伤人六月寒。"说话为什么不能委婉一些呢?敏锐感知对方的情绪,与其产生共情——没有人会拒绝一个懂得关心自己感受的人。

"路遥知马力,日久见人心。"他人会看到你善意的关心,终究也会发现自私和心机。不怕低调的善良,就怕故意的好心,与人相处需要让彼此感到舒服,没人交朋友是给自己找罪受的。

希望你能够在乎别人的感受,控制好自己的情绪,可以理解和包容多种多样的价值观,不要把自己的观点强加给别人,做事的时候将心比心。与人相处要像清风拂过麦田,带给人舒爽和自在,相信真心待人也可以换来别人的真心相待。

二十个基本生活信条

第一，大道至简，简单生活。

越是快节奏的时代，越要简单生活。建筑大师路德维希·密斯·凡德罗提出的"少即是多"的建筑设计理念同样适用于我们的日常生活。极简是一种生活美学，也是一种生活态度。世界很复杂，人心很混乱，简化生活，消减欲望和纷争，才能达到内心的宁静和清欢。

第二，人生多牵挂。

不要让自己完全处于孤立之中，人与人之间的感情就是靠彼此牵挂维系的，互相牵挂才能体会人情冷暖。

第三，没有什么比健康更重要。

吸烟、喝酒、熬夜都是健康的杀手，看待问题长远的人会重视健康，这也是在抵御风险。为家人拼命赚钱是爱，爱护自己也是爱。

第四，尽早认识这个世界，凭自己的实力赚钱。

世界是残酷的，弱肉强食，温情常有，人性的丑陋也常有。提升自己，凭自己的实力赚钱，钱不是万能的，但有钱是可以更好地生活的。

第五，学会接受无法改变的事情。

出身、生存环境是影响人生走向的重要因素，但这些无法改变，那就学会接受，一味地抱怨只会让生活更糟糕。通过自己的努力让生活一点点改变不是更好吗？"世界上只有一种英雄主义，就是看清生活的真相之后依然热爱生活。"

第六，学会苦中作乐。

世人皆苦，唯有自渡。在短暂的生命历程中要学会知足，学会在挫折和困难中寻找感动和乐趣。开心是一天，不开心也是一天，何必非要选择不开心呢？人总要面对这个世界，为什么不积极一点呢？

第七，保持学习和成长。

阅读和学习不一定能让你变得多么博学，但是无知一定会付出代价。持续的学习能够打磨灵魂的纯度，让精神世界更加丰富，也让你对世界的理解更加深刻。

第八，严于律己，宽以待人。

保持自律和修养，有自己的底线，懂得克制自己的情绪，对待别人要换位思考。每一个人活着都不容易，人与人交往也不会没有磕绊，尝试以宽广的心胸对待他人，你会得到内心的宁静。

第九，专注于自己喜爱的事业。

工作大多数时候是枯燥且无趣的，关键在于钻研和坚持。在工作中找到自己的价值，让自己产生一种创造价值的满足感，用"匠人精神"来打磨，将细小之事做到极致，才能取得想要的成就。如此，在其他事情上，你会有更多选择的自由。

第十，珍惜时光。

在最有活力的年纪，一定要大胆一点，哪怕结果没有预想的那么成功，也是一段值得铭记的回忆。人生长则百年，珍惜最好的时光,因为不知道哪一天皱纹就会突然攀上了眼角。所以,勇敢一点,去做一些牛气冲天的事吧,趁微风不燥,趁阳光正好。

第十一,留出时间陪伴自己的家人。

现代社会,大家都很忙,忙着升职加薪,忙着追求理想,忙着琐碎日常,特别容易忽略身后的那个家。别让自己一生中最后悔的事情变成没有和家人好好共度时光。在拼命向前的过程中别忘了自己是为何出发。

第十二,仪式感拯救生活。

仪式感可以让平淡的生活变得有趣并值得纪念,让某天、某个瞬间、某个举动成为特别和值得纪念的。挣脱生活的束缚,让自己放松下来,享受那个时刻的美好。也因为仪式感,平凡生活才不再显得那么庸常。

第十三,每个月给自己拍照留念。

人是慢慢老去的,但照片能够承载我们的记忆。在日复一日的生活中,我们不会记得自己活了多少天,而那些我们能记住的日子，串成了我们漫长生命中美好的回忆。有些人和事总会慢慢被我们遗忘，而照片却能帮助我们回忆起往昔。

第十四，保持本心，不做八面玲珑的人。

真实的人哪怕能力欠佳，也会因为真实而可爱；而八面玲珑之人虽然在特定情况下可以成事，但时间一长，总会不被人待见。面具戴久了，会很自然地"长"在脸上。活不出自我，或者说失去了自我，是得不到别人真正的尊敬的。

第十五，太用力的人跑不远。

人生是场马拉松，看的不是谁一开始跑得最猛，而是谁坚持到了最后。生活是细水长流的，找到自己的节奏，一直向着目标发力，你会突然发现，长久地坚持已经让你甩掉了大部分人，当然，超过别人不是我们的目标，我们最终要战胜的是我们自己。

第十六，忍受孤独，远远比忍受煎熬容易。

没有人喜欢孤独，只是苦于没有遇到知己。合不来的人硬在一起是煎熬，聊不来的人没话找话是虚伪，想想这些，忍受孤独也就容易多了。

第十七，不要总是否定别人。

每个人都不喜欢被人否定，如果你总是喜欢说"错""不对"这类字词，一定会被人在心里嫌弃，然后渐渐被疏远。高情商的人会用好的说话方式与人沟通，而不是简单粗暴地否定别人所有的话。

第十八，如大海般深沉。

点火就着，滴水就灭——不要做这样的人，这样的人伤不到别人，却总是让自己受伤。做人要像大海一样，波澜不惊，遇事不慌，处事不乱，让自己踏实，让别人对你放心。

第十九，做人不能太"丧"，要活成太阳。

情绪会传染，和"丧"的人在一起，久而久之就会变得同样消极。没有人会逃避阳光，和阳光的人在一起，整个人也会积极向上。不要那么"丧"，活成太阳吧，顺便将阳光分享给别人，让别人跟着你一起灿烂。

第二十，懂得投资自己。

把自己当作一个产品，有一点营销思维。你需要好的设计和包装，有吸引力的广告语，实打实的产品质量。让自己更有价值，才能获取更大的收获，才能让自己活得更舒坦一些。

Chapter 2

第二章

人间值得,你更值得

你可能永远
不会因为懂事而被爱

01

明明心心念念地想要拥有,面上却依旧波澜不惊;明明痛苦得撕心裂肺,嘴里却总是说自己没事;明明经常被夸赞懂事,却在人后独自消化那些酸楚……

那么懂事的你,一定活得很辛苦吧?

曾听一个女生诉说自己的经历,她比较早熟,很小就学会了察言观色,有时候她很清楚大人想要她做什么样的反应。这个女生小时候家里比较穷,还有个弟弟,父母偶尔才会买肉,做好之后,她只吃两块,剩下的全让给弟弟,她说自己饭量小,不如男孩吃得多;好不容易和父母逛一次街,遇到想要买的布娃娃等玩具，父母不给她买，她就把手缩了回去，生怕惹得大人不高兴；看到喜欢的裙子从来不说想要，总是说"给弟弟买衣服吧，我不喜欢"这样的话。另外，父母还多少有些重男轻女的思想，自然把能给的都给了弟弟。

上学之后，弟弟每天早上都能吃到煎包油条，而她只能煮点素面。妈妈夸过她最多的话就是懂事，亲戚邻居也这么夸她，可除了这样的一句话，她一无所获。后来上了大学，弟弟还在上高中，她省吃俭用，在学校附近的餐厅兼职，自己赚生活费，尽量不给家里添负担。大学毕业后，她在陌生的城市工作，农村家庭出身、自卑的她独自在城市艰辛打拼，父母却拿出大半辈子的积蓄给弟弟买了车和房子。

她说自己因为懂事而失去了太多，从来没感受到来自别人的爱，看着好吃的东西说不吃，遇到好看的衣服说不喜欢……有一次和弟弟闹矛盾，被弟弟一脚踹到了肚子，疼得一天直不起腰，还是在说没事儿。

懂事，成了父母偏心的借口，他们理所当然地对弟弟好，因为姐姐"并不在意"。也因为懂事，所以敏感，生怕自己给父母带来麻烦，再大的委屈也一个人扛着，这种习惯一直到长大后也难以改变。不论遇到什么委屈，她都会硬挤出一个笑脸，再说一句"没关系"。

02

我们从小被父母和老师教育应该学会懂事，只有懂事才能被人喜欢，可很多时候懂事的人往往是吃亏最多的。打落牙齿和血吞，懂事的人哪怕被人欺负了也不反抗，遇事习惯性从自己身上找原因，这也造成了他们深深的自卑感。就像太宰治所说："只要被人批评，我就觉得对方说得一点都没错，是我自己想法有误。"

我还听过另一个女生的故事，她也是从小很懂事，家教良好。结婚后她成了一位贤妻良母，任劳任怨地照顾孩子和家庭，从来不忘一个妻子的"本分"，而她的丈夫却整天游手好闲。丈夫的家里还有几个姐姐，他是从小被父母和姐姐宠大的，多少有些骄横。

丈夫喝醉酒回家撒酒疯，而她却选择为了孩子和这个家忍气吞声地维持这段婚姻，违心地过下去。她因为懂事，所以宁愿维持表面的和谐，而外人只会觉得这个女生太傻了。

这是很多懂事的人最悲哀的事，懂事的人习惯了迁就别人，将就生活，时间久了，便忘了自己也是需要关心和爱护的，也是需要得到对等的爱的。在她们看来，只要还能忍受，都是可以慢慢熬过去的。

03

  我小时候也是一个懂事的孩子，我深知懂事的孩子有多么辛苦，明明饿了却说不饿，有想要的东西却不敢说，零食也挑便宜的买……懂事的孩子都是缺爱的，他们从小就是乖孩子，青春期也不叛逆，总是与人为善，只是太亏欠自己。懂事的人习惯了委屈自己成全别人，却导致自己活得不够洒脱自在。

  懂事是一种自我牺牲。有的人从小就懂事，无底线地让着弟弟妹妹，理解父母的辛苦，懂得有些话会伤害到别人，所以说话时小心翼翼，处处为别人着想，却得不到应有的回报。因为懂事，只能理所当然地吃亏，犯错也要承担更大的代价，正因为如此，我再也不想成为一个懂事的人，我要把心里想的都表达出来，疼的话就喊疼，累的话就说累，不再委屈自己。

  说到这里，我要很遗憾地告诉你，你可能永远不会因为懂事而被爱。你觉得你的付出是在爱别人，认为只有爱别人才能得到别人的爱，然而这种所谓的懂事只会让你的爱变得卑微和廉价。你会发现你的付出往往不被重视，是因为付出不够吗？当然不是！爱是对等的，不需要其中一个人为另一个人牺牲所有，这样的爱太沉重，对方会因为无法给予相同程度的回报而选择躲避，甚至是离开。

先对自己好一点吧，活得真实，总会有人来好好爱你。懂事的你，真的辛苦了，累的时候抱抱自己，从现在开始用心对待自己，委屈不该全由你来承受。你应该活成一束光，任何人靠近你都是在接近光芒。

你可能永远不会因为懂事而被爱，但是，你会因为爱自己而变得可爱。

情绪敏感人群的生存指南

01

你为什么是高度敏感者？

高度敏感是一种人格特征，而一个人形成敏感的内心的原因是非常复杂的。相关统计表明：具有高敏感人格的人大多内向。内向的人往往更加细心、谨慎，不善言辞，但内心很活跃，也更擅长独处和思考。

我们的人格特征有部分是受后天环境影响形成的。比如一个人童年时的家庭条件很好，各方面需求都能得到满足，那他很容易成为一个外向、自信的人；而如果一个人童年时期各方面条件都很匮乏，那么他很容易就能学会察言观色，说话做事也会考虑大人的想法，容易成为敏感、自卑的人。

几乎所有内心敏感的人都会觉得自己是人群中的异类，也会羡慕那些和自己完全相反的人，认为别人活得轻松自在。他们会试着改变自己，然而人的性格没有那么容易改变，如果一直处于想要改变却无能为力的状态的话，自己会变得更不舒服。与其改变性格，不如好好地接受，或者和它握手言和，成为伙伴也不错。

我们无法改变已经成为过去的童年，无论在那个阶段经历过什么，但仍然可以靠自己尽量减少童年经历对我们之后人生的负面影响。不论哪一种性格，都有它的好与坏，我们能做的，就是与自己内心的真实意图和谐共处。

02

如何才能做到与自己内心的真实意图和谐相处呢？

第一，遵循内心做自己。

如果你已经确定自己是一个内心敏感的人，那么首先要恭喜你找到了自己的性格定位。我们的性格都不可能完美，都有着或大或小的缺陷，但我们需要先接受它，因为它就是我们的一部分。

这对敏感的人来说是不容易的，因为他们通常也是完美主义者，不能容忍瑕疵的存在。可世界上并没有完美，只是我们在不断地追求完美。我们都要明白，不论性格是内向还是外向，是敏感还是钝感，性格本身都没有好坏之分，只是反映在每个人的身上会产生一些问题，我们需要做的是面对这些问题，而不是改变性格。

在做一些决定的时候，别人的看法固然重要，但我们首先考虑的应该是自己的内心。如果你觉得敏感这种性格给你带来了很大的困扰，那么可以做出调整，这种调整不是让你改头换面成为一个不敏感的人，而是解决敏感带给你的问题。在遵循内心的基础上调整，到最后你可能依旧是敏感型人格，但这种性格带给你的困扰已经被你解决了。

第二，勇敢表达自己的困扰。

高敏感的人一般不轻易表露内心的真正想法，有的人是不敢表达，有的人是不好意思表达。拿我自己举例，无论是在与人交往中还是在学习中遇到问题，我都选择自己解决，不是我不想向人求助，而是我总担心会打扰别人，担心我说的话会让别人为难，所以有些话就说不出口。这就让我陷入了恶性循环，因为有些话我不说出来，别人就不会知道，我会因此陷入更纠结、更痛苦的境地。

我的一个朋友很爱生气，和他聊天时，如果两个人有一些意见上的分歧，他就会开始较真，甚至会对我发脾气，这一直都让我很不开心，但我又不好意思也对他发脾气，只能闷着不出声。后来有一次，又出现了类似的情况，这次我很严肃地对他说："我们只是讨论一个问题，对错先不论，但没到要发脾气的地步，而且你发脾气完全没考虑我的感受，这样是不合适的。"听了我的话之后，他向我道歉了，承认自己忽略了我的感受，并表示以后一定会注意把控自己的情绪。

很多时候，人与人之间的问题就在于大家都不肯把问题挑明，这也是很多矛盾产生的重要原因之一。如果你因为别人的话感到被冒犯或是不愉快，应该勇敢地表达出来，哪怕委婉一些。不要担心自己会让别人尴尬，你只有表达出自己的不满，才会让别人意识到自己的问题，双方才能通过沟通来解决问题。如果你受了委屈不懂得表达，慢慢地，就会被当成可以欺负的对象，而你也会因此陷入痛苦的死循环。

第三，你不需要为别人的情绪买单。

敏感的人往往非常容易察觉到别人情绪的变化，他们会禁不住去猜测对方为什么不开心，是不是自己哪句话说得不合适伤害到对方了。想到这里，就会开始责备自己，哪怕并不清楚对方情绪变化的真正原因。

敏感的人通常不愿意说话，但每次说出口的话都是深思熟虑过的，这样的人都是心软的人。严歌苓曾经说过："心太软的人快乐是不容易的，别人伤害她或她伤害别人都让她在心里病一场。"而那些钝感的人就不会为这样的事担忧，他们不是不在乎别人的感受，而是不能像敏感的人那样轻易察觉到别人的喜怒哀乐。

我不评价这样的性格好还是不好，但敏感的我们确实应该告诉自己：不需要为别人的情绪买单。我们在说话做事的时候会考虑别人的感受，这是自己的修养，但我们无法考虑到所有因素，更多的时候我们只需要对自己的情绪负责。

在人际交往中，没有人可以让所有人都舒服，但是别人的情绪变化来自他本身所遭遇的一切，而不是你。一个成年人需要懂得控制自己的情绪，但是没有义务为别人的情绪买单。

第四，只管好自己不是自私和冷漠。

敏感的人的思维方式往往是向内的，他们很善于思考，也常常因为思考带给自己很多痛苦。比如，当身边的人遇到困难，自己又帮不到别人，他们就会感到十分自责。这在敏感的人身上并不少见，他们经常会在帮助别人的同时折磨自己。

正常情况下，我们去帮助别人，会问对方遇到了什么问题，有什么可以帮忙的地方。如果自己无能为力，就会直接说出口，让对方再想其他办法。而敏感的人在同样的情况下没办法说出自己帮不到对方，而且会因为这件事而认为自己很没用，进而开始联想：自己和对方会不会因此变得关系不好，对方会不会觉得自己故意不帮他。

敏感的人遇到问题都会主动反思自己，而这往往会成为折磨他们的原因，本来是好心帮助别人，最后却让自己很难受。很多时候，我们能管好自己就已经很好了，如果可以帮到别人当然更好，但没能帮到别人也不是我们的错，不要因此责怪自己。

第五，犯错也没什么大不了。

敏感的人会将一些无须承担的责任归结到自己身上，从而让自己的内心多了很多无谓的压力，但这些本来并不是你应该背负的。即便我们在生活中犯了一些错，那又怎么样呢？

敏感的人之所以经常被说成"玻璃心"，是因为他们对犯错这件事特别在意，会因此特别痛苦，而且被批评之后会产生特别多的联想。他们会想别人会不会因为这件事觉得自己是个不靠谱的人，会不会因为这件事而全盘否定自己，自己以后是不是再也没有机会和这个人平等相处……

对于犯错，我的建议是不要太在意，我们当然要学会吸取教训，但不要苛责自己。犯错是必然的，我们只需要吃一堑长一智，下次不再犯就好了。对于别人的批评，也不要让自己过于难受。世界上不会有人没犯过错，吸取教训就好了。

犯错没什么大不了，我们今天会犯错，明天也会，永远都会，但我们不能一辈子都和它较真下去。

第六，找到排解自己情绪的方式。

我是个敏感的人，也曾经被这些问题困扰了很久，但我渐渐学会了调整自己，找到了一些避免这些问题带给自己痛苦的方法。更何况，无论如何，总会有我们无法改变的事情存在。

03

如果受了委屈，可以选择做一些喜欢的事情宣泄负面情绪。比如，可以去跑步、打球、吃一顿大餐，或者选择过山车这样的刺激性项目，这些都可以很大程度地释放委屈感。不要一个人待在封闭的空间胡乱琢磨，哪怕找朋友出来聊一聊或者给父母打个电话，也可以在一定程度上减轻委屈感。

最后要记住的是，对于每个人来说，自己都是最重要的，别让委屈总是找上你。还有，在别人的心目中，我们远没有自认为的那么重要。

不要让你的善良被当作
软弱可欺

01

为什么善良的人会被人欺负？因为人们觉得欺负善良的人要付出的代价很小，善良的人往往不会对他人正面回击或是恶语相向。

我有个亲戚是心地善良的人，待人接物也很大方，从不计较得失，哪怕别人对她不好也从不记仇，总是很友善地对待身边的每一个人。大家也都清楚她的为人，可他们并没有以同样的方式对待她，跟她说话的时候从不客气，遇事就理所当然地找她帮忙，没有帮好还会对她讽刺一通。

她说话做事总是特别顾及别人的颜面，哪怕有委屈也不会直说，可越是这样，其他人对她越不尊重。就是因为她从不发脾气，其他人便肆无忌惮，他们知道哪怕对她说几句狠话她也不会发火，即使生气也只会自己消化，不会让人看到。

人性是有自私和趋利避害的一面的，有的人发现你很善良，就会表现出这一面，你退一尺，他们就进一丈。既然你是一个好说话的人，他们就利用你的心软，达到自己的一些目的，甚至有可能都没有什么目的，也没有利益，就是想在你身上玩这套把戏。

我看过这样一个故事：国外有位老妇人，她心地善良，每天都有一帮孩子在她家门口玩耍。她很喜欢这群可爱的孩子们，于是她每天都会给他们每人25美分，让他们拿去买零食，孩子们便更爱来她家门口玩了。这样过了一段时间，忽然有一天，老妇人不再给孩子们钱了，孩子们很生气，他们竟然跑去质问这位老妇人为什么不再给他们钱，之后就再也没有出现在老妇人的家门口。这群孩子接受了老妇人的钱，一开始肯定很感激，但是当他们习以为常之后，就会觉得是理所当然的了。

这群孩子收到了陌生人善意赠予的零花钱，之后却把从别人那里得到钱视作理所当然。很可惜，这样的事情竟然发生在一群小孩子身上。其实，我们身边类似的情况也不少。

人们对善良者最大的恶意就是不懂得别人这样做是情分，不这样做是本分。在家人、朋友、伴侣的关系里是这样，在陌生人那里也是这样。对于善良者而言，出于好意帮助别人也要有分寸感，否则很容易被当成老好人，最后不仅没人感谢你，还会有人找你的麻烦。

02

朋友找你借钱，明明自己的手头也不宽裕，但是拒绝的话就是说不出口，只好答应借，之后又不好意思去张嘴要，只能眼看着借钱变成了送钱。好不容易出国旅游，需要带的东西很多，可同学让你帮忙代购，你又同意了，只好拖着笨重的行李箱到处买东西。明明周末想在家好好休息，但同事打来电话叫你出去，碍于面子你不得不牺牲自己的休息时间参加那些不感兴趣的饭局。

我们都很熟悉这样的场景，更熟悉因此而来的苦恼。你想要摆脱"老好人"这个标签，但又不能和对方直说，怕伤了和气，难道就要这样一直委屈自己吗？

这时，就需要运用人际交往中的一些方法：碰到自己帮不上忙时，尽量委婉地拒绝对方，不让对方感到难受，可以适当地给一些建议，但不要直接插手。请你记得，是否选择帮忙是你的自由，你没能帮到别人也不是你的过错，你不必在心里自责，甚至感到羞愧。总是委屈自己，只为了成全别人，这样的善良其实是某种意义上的懦弱。

你要善良，但也要带点锋芒，善良不可以变成被人利用的工具。我们在生活和工作中会遇到这样一种人，他们与人为善，但碰到不公时会提出来，遇到问题时会据理力争，不会有人欺负他们，他们的原则也并没有因为善良而被一再打破。

不敢说出自己内心的想法，是在担心自己会让别人受到伤害，可事实上，很多人感受不到你的用心。没有善良的聪明只是狡诈，没有聪明的善良只是愚蠢。习惯是一件可怕的事情，你一旦接受了自己的容忍和退让，"老好人"的标签就贴在了你的身上，当你再去反抗时，所有人都只会觉得你变得不近人情，其实是你惯坏了身边的这些人。

学会坚定内心，不再为了取悦他人而难为自己，不方便帮忙的事情直接拒绝，有人想要欺负你马上反抗，不再过分地采取低姿态面对他人。这样，你会比原来更能感受到来自世界的善意。

敏感的乐观生物学

01

很多人会因为自己的敏感而感到苦恼，因为敏感会把负面情绪放大无数倍，这意味着敏感的人也会是脆弱的人。很多人看来无关紧要的事，敏感的人却很难走出来。然而，敏感的人你们有没有想过，敏感也可能是一种你们自己尚未意识到的天赋，而你们天赋异禀？

有一本叫《高敏感是种天赋》的书中写道："当今社会，强者极受推崇，拥有旺盛的精力、忙碌的生活、发达的社交网络……但并非所有人都如此……与周围的人相比，他们更容易受到环境的影响，甚至为此痛苦不堪；但是，他们也因此拥有不曾被人发掘的惊人潜能。"

高敏感者之所以感到痛苦，是因为他们有高出一般人的共情能力，他们习惯反省自己，也喜欢思考别人的想法。这种能力如果使用不当就会让自己感觉很累；反之，如果可以合理地释放，那敏感就会成为一种独特的竞争力。

02

敏感型人格往往具备以下几个方面的优势。

第一，对细微事物的感知能力。

生活中我们经常遇到不同类型的人，有的人心细如尘，有的人粗枝大叶，敏感的人毫无疑问属于前者。细心意味着做事认真，讲究细节，并且妥帖周全。除此之外，当然还有完美主义者，很多敏感的人都会追求极致的完美，一点点瑕疵都逃不过他们的眼睛。

敏感的人对事物的细节更加敏锐，比如颜色、质感、声音或语调等。因为对细微之处的感知力更强，敏感者处理问题的时候往往也就更仔细，他们甚至在开始做一件事情时就想到了做不好之后的结果，虽然马上给自己施加了压力，但这也是驱动敏感者变得更加优秀的动力。

第二，对情绪的洞察力和控制力。

敏感者能够及时清晰地感知自己和别人的情绪，对自身产生的情绪更有把控力，这也就是大家常说的高情商；能够清楚地了解自己的情绪，更容易进行自我反思；能够更好地感受别人的情绪，明白如何在不同的场合说更恰当的话。

大多数的敏感者都会很关心他人的内心活动，对肤浅的话题不会很感兴趣，但十分乐意与人进行深层次的交流。他们也更喜欢一对一或者在小范围内进行沟通，这样会让人更好地注意说话内容本身而不必太过顾虑复杂的人际关系，也最让人感到舒服和自在。

第三，极其富有同理心。

敏感的人能更好地捕捉别人的情绪变化。体会对方情绪的正面和负面，体会别人的痛苦，懂得别人的不易，这也是共情能力的一种体现。他们能够对别人的处境感同身受，尽自己的能力帮助对方或是说一些能够安慰人的话。

每个人共情能力的程度都不相同，也不是每个人都会拥有一颗同理心。在电影院里，你可以注意到，人们受电影情节感染的程度是不同的。那些容易被电影剧情感动到落泪的人通常都是共情能力比较强的人，也往往有一颗同理心。这类人内心是善良的，更懂得将心比心。如果你身边有这样的朋友，和他交往会让人感到轻松和自在，而且这样的人是绝对不会有意利用或伤害你的。

第四，拥有与众不同的创造力。

高敏感者具有丰富的想象力，尽管他们看上去经常默不作声，但他们的内心世界是色彩斑斓的。因为对情绪有很强的感应能力，这类人往往多愁善感、心思细腻。许多从事艺术创作的人都属于高敏感者。

第五，保持独处和内省的能力。

高敏感人群喜欢独处，也喜欢与自己对话。由于不善社交，他们不会选择依靠别人的陪伴和认同来获得快乐。从这方面来说，敏感的人有更强的适应能力，他们不会害怕孤独，一个人也能把生活过得丰富有趣。非敏感人群可能在社交中占有优势，但他们却没有享受独处乐趣的能力。也因为这样，非敏感人群不能容忍生活里有自己完全独立的空间，自然也会缺少独立思考的能力。

03

不少心理学研究者认为,拥有敏感型人格的人是极具开发潜力的,同时也更容易拥有"开挂"的人生。高敏感人格者具有感知力、高情商、同理心、创造力和内省能力,他们可以更专注于自己感兴趣的领域,不断深耕。

虽然很多人觉得敏感者都很脆弱,但是如果敏感者将优势运用得当,他们在当今时代会更具竞争力。很多人会觉得敏感的人活得既累又不快乐,没错,很多时候会特别累,因为敏感会放大他们的感受。但是,他们也能够体验更加深刻的感动,享受更加热烈的快乐,感动时会热泪盈眶,快乐时会欣喜若狂。比起他人,这些人可以对人间烟火有更深的体验。

如果你也是一名敏感者,那么恭喜你具备了这种天赋,请好好珍惜。

野蛮成长

　　如果你已经上大学了，那么有两个问题摆在你面前，你需要好好思考。一个是你的理想是什么？另一个是你为实现理想做了什么？这是两个很平常但很重要的问题，我不能代替你给出答案，但希望这篇文章能给你一点小小的启发。

　　你想在人生最具有升值潜力的四年里把自己打造成什么样子？是每天玩游戏到凌晨，第二天睡到中午，还是捧着手机一刻不停地追剧，直到每学期的期末考试？千万别荒废人生中最宝贵的这段时间，虽然很多人会告诉你，当你走进职场之后会发现学校里学的知识很多都用不上，但如何度过大学四年却能影响你的一生。选择不同，你将变成的人也不同，希望你能利用这四年的时间将自己变成优秀的人。我和大家分享几个可以实现蜕变的方式，与君共勉。

第一，人人都可以有说走就走的旅行。

18岁的时候，你说要环游世界；大学毕业之后，你想等工作了攒够钱再去；工作之后你发现除了周末根本没有时间，好不容易等到节假日，却只想赖在家里睡懒觉。好像只能等到退休才可以完成18岁就开始计划的旅行。其实，这全是借口。

我的一个朋友大萌，大二时，他决定完成自己的新疆之旅。他通过拍照片、写游记赚了一些钱，然后又加入了义工旅行团队。他把自己的旅途经历和感悟发在网上，赢得了很多追随者，他也变成了很知名的旅游博主。大学四年，他走遍了大半个中国，做过无数次公益，成为很多人羡慕的那种人。大学毕业之后，他决定成为一个自由职业者，一边旅行，一边生活。

他对我说："20多岁是个尴尬的年纪，总会被贴上不安分的标签，但是每当我背起包的那一刻我就更确信，有些事情现在不去做，这辈子就再也不会做了。我想记录自己一路走来的故事和遇见的每一个人。当你走进偏僻村庄里的一户人家，看到屋子里除了灯泡之外没有任何一样电器，一家老小全部挤在一间屋子的时候，真的找不到借口不把公益继续做下去。"

有很多人在大学期间就一直在做令人羡慕和佩服的事，其实他们只是比别人更清楚自己想要什么并且愿意大胆地去尝试。最好的年纪，哪怕走错路也不会觉得遗憾，因为所有在20岁经历过的事，都会在未来的人生里变成财富。

第二，读书将成为一种习惯，你将用一生去贯彻。

大学里最宝贵的不是你的专业，不是你的老师，不是你的实验室，而是图书馆。好好想一下自己有多久没静下心来读一本书了。无论是上学时还是工作之后，读书都是很重要的事，除了可以获取知识和内心的愉悦，还可以让你拥有持续学习的能力。很多人只有在学校的时候才会学习，进入社会之后没有原来的环境氛围就再也不碰书本了。可要想工作有所突破，就需要不断地学习，无论是实践还是理论。我们不妨把读书看成像吃饭那样重要，因为书是人的精神食粮。

我看过一个优质的读书心得可以分享一下：人文社科类的书就像是食物中的蛋类和肉类，学习和工作领域的专业书就像是米饭，文学类的书就像是蔬果，而快销书就像是油炸类食品。"米饭"为主，"蔬果"为辅，适量吃一些"蛋""肉"，"油炸食品"可以偶尔解馋，但不能当正餐。

第三,有自己的规划。

我身边不止一个这样的同学:他们是老师眼中的好学生,学习刻苦,高考成绩非常好,但是对专业选择没什么想法,不知道将来想干什么,认为学校比专业重要,草草地填报完志愿,结果上大学之后对所学专业没有任何兴趣,导致成绩一落千丈。还有一类同学是你问他有什么规划,他会说走一步算一步,但是什么都学,专业课认真学,不是自己专业的课也要学,认为学得多肯定没有坏处。可时间要有效率地分配才更合理,选修课的存在就意味着很多知识不是必须掌握的。只有专注在一件事上,才能把它做到极致,而这件事或许就是你安身立命的本事。所以,请趁早规划自己的人生,想想我在本文开篇问的那两个问题。

规划可以是一个或几个,也可以随着你的想法不断改变,多了解一下自己所学专业的就业前景、所需技能等。毕业生最缺的就是经验,大学的时候就要多积累经验。给自己准备一张空白简历,做一些社会实践和实习,根据实际情况来完善自己,这样才可以在走出校园的时候,平稳地过渡到人生的下一个阶段。

第四,培养一到两个终身受益的爱好。

大学的课外时间有很多,可以用来培养自己的兴趣和爱好,那什么样的爱好才是让人终身受益的呢？运动至少要占一项，如跑步、游泳、篮球等。运动是健康的保障。大家熟知的村上春树，坚持跑步20多年，运动于他已经不仅是健康和爱好，而是变成了一种生活态度，他通过自律展现了生命的价值和追求。

或许，你也可以爱上一门艺术，音乐、舞蹈、绘画、雕塑、手工艺……这些会让你有一个更充实的精神世界，你会像一个匠人般打磨自己的生活。艺术能让你领略人类美好的追求和向往，你也能通过它找到志同道合的伴侣，还有什么比艺术更令人向往的呢？

第五，送给大学里的你一些话。

没必要为了合群而合群，你要学会屏蔽别人的眼光。即使你一个人吃饭，一个人去图书馆，一个人旅行，都没有关系，去做你认为对的事吧。你会发现没有人是一座孤岛，即使你再格格不入，也会有一个人在某个时间出现，陪伴这世界上独一无二的你。

对你的专业没兴趣没关系，但是你得找到自己的兴趣并做出成绩。很多人最终从事的职业都和大学所学的专业毫无关联，兴趣和特长不一定是你的专业，利用课余时间做些自己擅长的事情，或者找到自己喜欢并愿意为之付出心力的事情，也许会有意外的惊喜。

少看些人脉交际的书,与人相处有八个字很管用,就是"严于律己,宽以待人"。每个人都有几个让人无法忍受的缺点,学会包容他人的缺点,大度一点,步入社会总要遇到各种各样的人,不如严于律己,宽以待人。

大学里的我们唯一的优势就是年轻,我们要做的就是开阔眼界。旅行、做公益、实习,这些事一方面会让我们感到充实和愉悦,另一方面也可以很好地开阔我们的眼界,经历得越多,就越能适应这个社会。

你可以享受人生,但不要游戏人生。可以去打游戏、去追剧,但这些不是你人生的主要内容,做这些事要拿捏好一个度。要娱乐,但不要娱乐至死,做些有意思、有品质的事情,懂得享受人生,不要一味地贪恋物质享受。

目之所及，未来可期

01

我的一位恩师以前常常问我："你想要什么？"是的，我们每一个人都应当清晰并且坚定地张口即来："我想要××，想过××的生活。"

苏格拉底提出了"认识你自己"的哲学思想，这是铭刻在希腊圣城德尔斐神殿上的箴言。在我看来，人生就是一个认识自我，并遵循自己的内心过一种自己想要的生活的过程。明白了这个道理，才能避免你在克服种种困难之后，发现追求的并不是自己想要的。

人总是对于没有得到的东西充满渴望，小时候我会为了让父亲给我买一个奥特曼玩具而站在路边大哭大闹，直到父亲妥协。我曾无数次地索要各种玩具，慢慢地我发现，当我大哭大闹非要得到它们的时候，我已经忘记了我为什么想要，只是一门心思地想要得到，而当我拥有之后却发现我高估了它们能带给我的满足感。

你为之奋斗的目标真的是自己想要的吗？有人奋力打拼名利双收，结果发现自己内心真正想要的是一粥一饭的朴实平淡；也有人过着平庸的生活，然后买上几十年彩票，做着一夜暴富的美梦。这无关对错，生活方式有千万种，只要是心中喜欢的就是最合适的。虽然期待的生活各有不同，但也有共通的地方，美满、快乐、满足等，这些都是我们追求的幸福元素，而如何去获得这些美好的事物就因人而异了。忠实于自己内心的真实感受，这是我们获得理想生活的第一步。

02

我上了大学之后明显比高中时期懈怠了很多，读高中时一心想着考大学，而到了大学之后没有了紧迫感，完全不知道该干什么。我对平常上课的内容提不起兴趣，也不想费尽心思去拿奖学金，整个人如同被抽空了一般，追剧、打游戏、睡觉，在大一的第一个学期，我就是这样度过的。那时我才发现人没有目标的时候真的很空虚，至少我是如此。

我有一个学霸式的同学，他每天跟着老师认真地学习每个学科的知识，为奖学金而加倍努力。有一天我问他："你想要什么样的生活，你的梦想是什么？"

他的回答让我有点儿意外，他说："我没想过，车到山前必有路。"

的确，路当然会有，在这个时代，即便你不是名校毕业也不太可能因此找不到工作而饿肚子。工作有很多，获得生活所需的金钱的方式也有很多，一个对自己负责的人应该懂得，哪怕是赚钱，也应该选择自己渴望的方式。赚钱能满足我们对物质的需求，也会带给我们乐趣和成就感。如果失去了乐趣和成就感，只让赚钱成为一种惯性的行为，这不是我们想要的。

我在大一下学期快放假的时候，用了很长时间思考自己想要什么。在那段时间里，我几乎每时每刻都在想，规划了种种道路，假设了种种可能。由于用脑过度，我开始失眠，室友告诉我，即使睡着之后我也经常说相关的梦话。

后来我终于知道我想要的是什么——用我自己喜欢的方式去挣钱，然后用钱来实现我想要的生活。这让我有一种豁然开朗的感觉，有了方向就能够专注做好自己的事并且少走一些弯路。当然，即便走一些弯路也没什么大不了，都是在为自己寻找更清楚的方向而已。

我不讳言对金钱的渴望，但我会问自己获得多少才能满足以及要通过什么样的途径去获得，我要把这些问题想得很清楚才可以。一般来说，我们在物质追求没有得到满足的时候会特别渴望，而拥有之后未必会有想象中的那般愉悦。一部名叫《有钱人生》的纪录片采访了亿万富豪们的生活，和我们想象中不同的是，金钱并没有使他们获得无尽的快乐。有人说，他们肯定比穷人快乐吧？是的，他们可能确实比不少人更快乐，但他们的生活中也充满了赤裸裸的攀比——买的东西越贵，欲望也越大，他们也有着自身阶层的烦恼。所以，钱确实重要，但认清自己的需求更能使你获得快乐。

03

你活成自己想要的样子了吗？如果没有也没关系，对于梦想，年龄从来不是问题。在王德顺通过微博被广泛关注之前，我就看过他的演讲，他44岁开始学英语，49岁成了北漂，50岁开始健身练肌肉，57岁创作了哑剧"活雕塑"，70岁开始练腹肌，79岁走上了T台。

人这一辈子，只要你想，年纪根本不会阻挡你活出自己的风采。你把年龄、地域、外貌等诸多因素都视为阻碍，但阻碍也会成为一种资源。一个20多岁的小伙子练肌肉、当模特能有多少人关注？但一个79岁的老先生如果能战胜阻碍，就是人生赢家。

"敢想"对很多人来说其实是成功的门槛，而目标则是成功的动力，我见过身边太多的人在考上大学之后并没有规划过自己的未来，也不愿意了解各种各样的职业，从而失去了很多可能性。或许你在找到自己的梦想时会觉得自己一定会走这条路，这是一件特别幸福的事，但中途你可能会遇到更喜欢的东西，便放弃了原来视作梦想的目标，这也不是坏事。改变的过程本身就意味着更新，不断地发现自己的热爱，最终才会遇到更好的自己。最可怕的是不知道自己要什么。如果你还不了解你自己，那就好好思考一段时间，找到方向比什么都重要。

每个人都有自主选择生活方式的权利。我喜欢流浪歌手一边弹吉他一边唱喜欢的民谣；我喜欢背包客徒步走过每一个奇妙的旅行地；我喜欢不经意间邂逅一段妙不可言的爱情；我也尊重那些在很多人眼里不被认可的"异类"……

生命是短暂而奇妙的，怎么活都是一辈子，给自己一次机会，过滤掉旁人的闲言碎语，用尽全力活成自己喜欢的样子。大胆一点儿，生活其实就在你手中。

Chapter 3

第三章

不孤独的人生

"打工人"日常：疲惫生活下的英雄梦想

01

很多已经工作的年轻人开始戏谑地称自己为"打工人"，这个词很准确地形容了上班族埋头苦干的辛苦生活。

在如今的社会，我们这一代的年轻人混得甚至还不如父辈，这和职业的高低贵贱无关，而是源于一个名词——自由。父辈们下班是真正意义上的下班，他们不需要再加班，而是拥有了完全属于自己的时间，夏天的时候可以来一扎啤酒配一盘毛豆，冬天的时候可以舒服地喝上一碗热汤，优哉游哉。我们这一代却不一样，下班之后还要加班，或者要把未完成的工作带回家，换个地方继续加班。你身边就有手机或电脑，随时都可以工作，至于"钱途"和前途，之后再说。

我很喜欢一部电影，名字叫《白日梦想家》，故事里的主人公沃尔特就是在最底层打拼的员工。他在一个叫"生活"的杂志社工作了16年，一直在当胶片洗印经理，虽然挂着个经理的头衔，但是整个部门就他一个人，工作的地方也在阴暗的地下室里。

自卑又内向的沃尔特喜欢公司刚来的一位女同事谢丽尔，但是他不好意思和对方搭话。在偷听了她和别人的对话之后，他得知谢丽尔会去一家相亲网站，便悄悄在网站上搜索她的名字。沃尔特找到相亲网站的负责人说要参加相亲，当对方问到他的特长时，沃尔特有点儿无奈地说："我真的没有什么值得提起或注意的东西。"

这大概说出了很多人的心声，却也是他们自卑的表现。虽然在现实里沃尔特根本没有做过什么惊天动地的大事，但他有着极强的想象力，说白了就是十分擅长做白日梦。

凭借沃尔特的想象，电影一秒钟变成了关于超级英雄的大片。在幻想里，沃尔特可以直接跳下大桥并打碎玻璃，在大楼起火、人们四处逃命时，潇洒地救出小狗，还顺便给小狗装个假肢；也可以化身为处于冰天雪地中的探险家，全副武装地走向女同事，向她自信地介绍自己；还可以对憨憨的上司翻一万个白眼，在电梯里当着同事的面大开经理的玩笑，让那几个人笑到喘不过气；又或者是变成会功夫的成龙，对着上司一顿暴揍，怎一个"爽"

字了得！这些倒是很巧妙地贴合了《白日梦想家》的电影名。小时候我们爱做白日梦可能是对未来抱有无限幻想，成年之后再做白日梦只有一个原因——逃避现实。

02

做白日梦堪称是一件不用花钱就能让精神愉悦的事情。试想一下：我们一起离开现实生活，忘掉房子、车子、票子；我们在夕阳下狂奔，赶最后一班飞机，去一个喜欢的地方，面朝大海，春暖花开；我们在冬天踩雪，秋季拾枫叶，夏日捧起海水看看到底有没有美人鱼。

沃尔特的日子并不好过，公司被并购，新来的上司傲慢无礼，两个同事迫不及待地过去讨好，但他连开口的勇气都没有。更倒霉的是，一直给公司投稿的摄影大师尚恩要求《生活》杂志的最后一期封面用他的第25张胶片，但这张胶片却不翼而飞了。与其坐等胶片的出现，还不如亲自去找尚恩问一问靠谱。于是，沃尔特带着这个任务，开始了自己的寻找之旅。当梦想照进现实，当做白日梦变成了跑遍全世界，沃尔特的生活又会变成什么样呢？

他来到一间客人很少的酒吧听歌，和一名醉汉发生口角并打了起来，还乘坐了这个醉汉的直升机；为了坐船，他从飞机上直接跳入海中，被鲨鱼追赶，最终死里逃生；他脚踩单车欣赏沿途的风景，又化身滑板少年在无人的高速路上肆意驰骋；他遇到火山喷发，慌忙坐车逃命，浓重的烟尘将车吞噬，但他却奇迹般地活了下来。

这次旅行，让沃尔特有了翻天覆地的变化，他开始改变，大胆地做着自己以前从来不敢做的事情。他也许真的实现了幻想中的话——这就是我的生活态度：爱冒险、勇敢、有创意。这样的生活魔幻且丰富有趣，沃尔特也终于完成了他最想完成的心愿。然而，沃尔特环游世界后并没有找到尚恩，回来后一切似乎都没有改变，可又有些东西已经在不经意间发生了变化。

他被炒了鱿鱼，要卖掉父亲留给他的钢琴来补贴家用，并且回到了母亲和姐姐身边。沃尔特在家里意外听到母亲和姐姐讨论尚恩的去向，他根据尚恩的提示找到了一个钱包，其实25号胶片就在钱包里面，但是沃尔特并没有发现。

沃尔特再度出发，他雇了两位同伴一起攀登珠穆朗玛峰，在冰天雪地里扎帐篷，拿来母亲做的橙子蛋糕送给士兵。在珠穆朗玛峰的山顶，沃尔特终于见到了尚恩。尚恩费尽千辛万苦只为等一只雪豹的出现，却在雪豹出现后放弃了拍照，因为美丽的东西从来不需要被定格。最后一期《生活》杂志的封面，竟然是沃尔特工作时的一张照片。

生活中平凡的你我，都希望在某一天可以成为心爱之人生命中的主角。电影中的沃尔特终于可以自信地走到女同事面前诉说自己的爱意并抱得美人归。

总是能听到"剩下的日子不多了，想完成的梦想尽快去实现"这样的话，因为生命无法重来，你也不知道明天会发生什么，所以要格外地珍惜当下。"说走就走"是一个不切实际却充满诱惑的词，虽然知道头脑一热就辞职去穷游的可能性不大，但当我们在新闻或公众号上看到被归为少数派的几个"大神"，谁又能不羡慕呢？

03

不论是旅行看世界，还是大隐隐于市，最重要的就是为了自己喜欢的事而努力，并且成为更好的自己。有些事情现在不做，可能一辈子都不会再做了。遵循内心，随心走向未来。有时候想想，当一个演员是很好的，可以在有限的生命里体验千百种人生。生活中有辛酸和无奈，甚至有时候谈梦想也很虚幻，可人生还是需要用心去体验的。

不妨大胆一点，去做自己喜欢的事，何况世界一直在变化，按照自己的意愿做出改变总比被动地改变要好得多。我们需要勇敢地迈出改变的第一步，让白日梦成为现实。加缪说："人生的意义，在于承担人生无意义的勇气。如果你一直在找人生的意义，你永远不会生活。"

《白日梦想家》的主题其实也正是《生活》杂志想传达给人们的理念——认识世界，克服困难，洞悉所有，贴近生活，寻找真爱，感受彼此。生活不是电影，却比电影真实，但我们永远不要失去做梦的勇气。我小学时喜欢在同学录里写"长大之后环游世界"这句话，后来越长大越觉得这句话不切实际。是真的难以实现，还是我失去了冒险的勇气？

人生美好的事情之一就是可以白日做梦，努力让白日梦照进现实，哪怕只是每天靠近一点点。不必走得很远，当你试着改变时，你已经是自己的超级英雄。

当你的实力
还配不上你的眼光

01

我很懒,懒到吃饭全靠外卖、一连几天不洗头、衣服穿上十几天不洗,懒到想把自己"封印"在被窝里。我有很长时间都是这样的状态。突然有一天,想到要如此庸庸碌碌度过余生,我害怕了。我的人生才开始不久,一直这样下去会比要了我的命还可怕!

我开始到操场上跑步,用我多年没锻炼过的双腿不断地跑,直到两腿发软,瘫倒在地,不停地喘着粗气。我闭上眼睛思考懒的原因是什么,想了很久,其实很简单,是因为自己的欲望还不够大。如果你饿极了,跑上几千米也要去吃东西;你想恋爱,会用尽心思去打扮、去追求。如果还是那么懒,只能说明你对美好未来和财富的渴望还没有那么强烈。但是，我绝不！我深知贫穷意味着什么。

02

小呆的经历和我的有些相似，甚至比我的更不好。他来自贵州，我曾问他他的家乡是不是很美。他的回答和我想的完全不一样，他说家乡是他最厌恶的地方。后来我从他口中得知，他的爸爸不务正业，他是妈妈含辛茹苦带大的，也是看尽了世态炎凉。

他家在当地算是最穷的，7岁要上小学的时候，他要自己背着书包翻过一座山赶到学校，小学的五年时间里，他都在穿姐姐淘汰的衣服。放学之后还要帮家里干农活，有时还要承受父亲的打骂。如果说贫穷带给了他矮小的身材，那父亲的无能和亲戚们的冷嘲热讽则摧残着他的灵魂。

穷在闹市无人问，富在深山有远亲。小呆不甘心，不想永远被瞧不起，他受够了这样的生活，他要努力，靠读书改变自己的命运。好在他的母亲用尽全力供他上了高中，最后他考上了北京的一所重点大学。

小呆考上大学的那年，他家的亲戚一个也没来道贺。他说因为自己到北京读书的学费和生活费拿不出来，那些亲戚怕被借钱，都躲了起来。开学的时候，小呆的母亲把他送到了车站，他拿着母亲刚赚的路费一个人去了北京。

太多的人都在说我们不要活在别人的目光里，不用去在意别人的看法，但当你身边的人因为钱看不起你，用言语来嘲讽你时，你怎么可能不心寒呢？长大之后，开始以成年人的眼光看待世界，我发现这个世界就是有些人会在你成功的时候围在你身边伺机捞些好处，在你落魄的时候却踩上几脚。

勇敢地接受这些，你要做的，是让自己变得强大。

03

我曾经做过一件后悔至今的事。上高中时的同桌是个很朴实的男生，有一次开家长会，我看到他坐在一个老人旁边，便走过去问他："是你爷爷吗？"

他低着头，很别扭地对我说："是我爸爸。"

我很惊讶！他爸爸穿着一身破旧的脏衣服，驼背，头发花白，脸上满是皱纹，年纪很大的样子。知道了这个消息之后，我几乎对每一个见到的同学都说："你知道吗，家长会坐在××旁边的那个老头儿竟然是他爸爸！"

看到别人和我一样的惊讶表情，我心里有一种难以抑制的满足感。而××知道我广而告之之后，趴在桌子上一声不吭，其他同学对他的探问和未出口的嘲笑就像刀子一样扎在他的心上。

直到这时，我才感到羞愧和歉疚。我家的条件也不好，而我竟然成为伤害自己同学的元凶。这件事让我到现在都耿耿于怀，在那之后，我再也没有做过这种事。

84

在我高中最颓废的那段时间，母亲对我失望透顶。有一次，她对我说："孩子，我不希望将来的你像我一样，到处打工，日夜不合眼，只为了那一点儿微薄的收入，那种感觉很难熬，要是一辈子的话，就难熬死了。"

我忘了自己当时是怎样的反应，但我开始知道，有些人的一辈子是在过，有些人的一辈子是在熬。你知道最可怕的是什么吗？是当生命即将耗尽，平庸的你被生活掏空的时候，想起年轻时曾有过一次又一次的机会而自己却没有伸手抓住。你会对当初的任性和无知感到追悔莫及，你甚至会痛恨自己，可是时间不能倒流，你只能抱憾终生。

　　人的生命只有一次。十几年的付出，也会因为贪图安逸和享乐而付诸东流，如果放任平庸的自己继续这样平庸下去，我曾梦想的一切美好未来都将破灭，想到这些，我就会心跳加速，紧张又害怕。所以，我拼命地跑，拼命地写东西，不理会旁人的眼光，只为不辜负自己。

20岁的未来式

如果你是20岁的年纪，也许即使把人生经验都摆在你面前，你也连看都不愿意看一眼。20岁正是不可一世的年纪，这个年纪的你会认为自己将来某一天可以改变世界，但生活不会允许你一直这样想。你会在一天一天流逝的时间里明白，有些话是有道理的，而生活也在这个过程中不停地摔打、锤炼你。我们会长大，也会变老，很多事情也不会发生巨大的改变，但有些道理听听也不错，能少走一些弯路也是值得的。

01

关于事业：

第一，做好选择更重要。

在当今的互联网时代，很多传统企业不是在试着转型，就是被时代的巨轮碾过。我曾经在网上看过这样一个消息，这件事也间接促使我从当时工作的公司辞职，选择了从事互联网运营的工作。两个高才生在2011年毕业的时候，一个选择去了互联网企业，一个去了杂志社。几年之后，去了互联网公司的那个人已经做到年薪百万的经理级，而选择了杂志社的那个人因为市场的不景气，不仅收入受限，未来的发展也不可观。可见，行业的选择对个人发展的影响是非常重大的。

再说与我们息息相关的房子，房地产行业这些年来发展迅速，相关的土木工程、建筑设计、室内景观等从属行业也很有发展空间。我们应该好好审视世界的格局和时代的方向，结合自己的能力和喜好，做出对自己最好的选择并为之奋斗。

第二，年轻的时候，不妨到大城市试试。

我在还没毕业的时候就一个人跑到了北京实习，当时的班级里，只有我一个人做了这样的选择。其他人对此都有一定的怀疑，理由无非是拥堵的交通、高昂的房价、快节奏的生活和超出一般的工作压力等。但我认为，想要提升自己的能力，在北京这样的一线城市，比在二三线城市要好得多。

就目前的发展形势来看，一线城市对家境一般的人来说算得上是最公平的舞台了，哪怕存在户籍制度的制约和无数看不见的竞争对手。这是一个靠本事吃饭的地方，假以时日，凭借努力，终会让自己的生活发生翻天覆地的改变。就是因为在这里，未来有着种种可能性，才有那么多人选择前来。

大城市的氛围更加开放和自由，哪怕你与周围的人格格不入，哪怕你的爱好再小众，你都能够找到属于自己的圈子。在一个地方待久了就会发现，决定你是否留下的除了自己奋斗之后实现美好生活的可能性，就是有没有能玩到一起的人。即使最后没有留在一线城市，但拥有一线城市的工作履历，就已拥有一笔宝贵的财富。

第三，带着目的性去工作。

企业招聘我们是为了用我们的技能和时间来创造价值，同样，我们在创造价值的同时也会期待公司给我们带来的回报。公司是一个平台，工作不是只为公司而做，还是为自己而做，这些工作都会成为你的经验，成为将来可以拿出来证明自己能力的东西。

很多人在工作的成熟期会逐渐拥有自己的资源和人脉，这些都会在日后的职业生涯中起到至关重要的作用，无论以后是否创业，这些都会对你的发展百利而无一害。所以，我们要积极面对工作中的每一件事，注重积攒经验和资源——这些都是你的"摩天大厦"落成所需要的基石。

第四，不要想着从明天开始改变。

你可能想过要改变自己，可总是处于未进行的状态，无数次想着从明天开始，但到了明天仍然放纵自己。一个人毁掉自己的开始就是遇事总想着明天再做，但明天永远有明天，你所谓的明天永远不会到来。

如果真的想要改变，那就从此刻开始。逼自己认认真真地做一次改变，万事开头难，只要去做一次，后面就会越来越容易。听再多的道理也不如把握当下，越拖延越懒惰，越实践则越有趣。

82

关于社交：

第一，不要为了合群而迷失自我。

我们从小就被教导应该团结同学，要合群，仿佛"不合群"

是一个贬义词。我们害怕被排挤、被歧视、被贴上"孤僻"的标签。但任何群体中都会有性格不同和兴趣不同的人,硬着头皮去合群,要么丢失了自己的个性,要么把自己弄得筋疲力尽,而且还会浪费大量的时间。

强迫自己融入不属于自己的圈子比孤独更可怕。学着一个人做一些喜欢的事,试着丰富自己,培养一些爱好,找到自己愿意融入的圈子,和那些聊得来的朋友交往。孤独没有我们想象中的那么可怕,忍受孤独比忍受失去自我要容易得多。

第二,尽量做自己,不要去讨好别人。

一直以来,我都过于在乎别人的感受,生怕我的某句话会伤害别人,也非常在意别人对我的看法,一句不好听的话就能击碎我的"玻璃心"。于是,我把自己的情商修炼得非常高,会根据别人的情绪改变我的话语,迎合别人的兴趣进行沟通。这样的我活得很累,而且也没有得到我认为能得到的尊重。

后来我明白了,过度在意别人的感受未必可以换来别人同等的回应,讨好型人格的人的善良只会被视作软弱。很多时候,我们的善良需要带点儿锋芒,这是人和人相处应该有的边界。你要知道,无论你做什么,做得有多出众,总会有人不喜欢你,这不是我们可以改变的。

即便我们拉低自己的底线去讨好别人,把自己弄得很不开心,在别人的眼里也还是一文不值。试着对自己善良一些,掌握好与人相处的分寸感,不要过于在意别人,也许你的生活会变得不一样。至少,我们会更容易收获生活中的幸福感。

第三,不要干涉别人的选择。

彼此尊重,互不干涉,这是人与人相处的最佳方式。我们都不喜欢别人干涉自己的生活,作为独立的个体,个人的自由意志应该得到尊重,同样,我们也不要轻易去评判他人的人生。

人之忌,在好为人师。作为一个成年人,当然应该倾听各方面的建议,但更需要自己理性思考、做出判断,我们要为自己的选择负责。别人的人生是我们没有经历和参与过的,我们无法做到真正的感同身受,何况我们的经验也不一定适用于别人。

如果朋友感到迷茫,我们可以安慰,也可以适当地提出一些建议,但仅仅是建议而已。就像这篇文章,我只是在分享自己的体悟,如果能对你起到一点儿正向的作用,当然很好,但我从来没有想过让别人因为我的一篇文章而改变自己的生活方式。

03

关于爱情:

第一，不爱了，就不要浪费彼此的时间。

两个人谈恋爱，在一起或是分手都是正常的，如果发现已经不喜欢对方，就不要浪费彼此的时间，不要纠缠虚耗，也不要用冷暴力的方式等对方先开口。从某种程度上说，果断分手是对你曾喜欢的那个人的尊重，别让对方觉得自己付出的时间和心力不值得。

第二，不要谈快餐式恋爱，确定关系不要太快。

一段亲密关系的确定会经过几个阶段，有相识期、了解期、朦胧期以及恋爱期。在这个时代，生活的节奏快到很多人连谈恋爱都是快餐式的，但建立一段稳固的关系还是需要时间的。如果太跳跃式发展，在之后的相处中很可能产生诸多矛盾，彼此了解得不够，感情的基础就不牢固。在整个过程中，最甜蜜的肯定是朦胧期，这一时期双方会猜测心意，患得患失。确定关系之后，两个人的感情归于平淡，此时更需要两个人来用心经营。

第三，爱情需要仪式感。

爱情是从心跳加速开始的，有人说真正的爱情只能在彼此之间存在三个月，最终都会变淡，由爱情变成亲情。爱情中的仪式感就是在日常生活中时不时地制造一些小惊喜，给平淡生活增加点乐趣。节日要好好地过，礼物要用心地准备，旅游要早早计划，晚餐要好好吃。这样，两个人的爱情才能保鲜，生活也会更有趣。

优秀普通人的自我养成

01

国外曾耗时56年完成了一部令人震撼的巨作——《人生七年》。这是一部系列纪录片，从1964年开始拍摄，记录了英国不同阶层的14个小孩从7岁到63岁的经历。每过7年，拍摄者都会重新访谈、拍摄这些孩子，见证他们从少年到壮年再到老年。历经56年，直至2019年的最后一次拍摄，这群当年的孩子已经63岁了。

纪录片拍摄之初，拍摄者打算做一次科学实验，他提出假设：社会阶级固化使得每个孩子的社会阶级预先决定了他们的未来，富人的孩子依旧是富人，穷人的孩子依旧是穷人。

一路跟拍下来也确实如此，富人的孩子从小就受到良好的教育，拥有开阔的眼界，他们甚至7岁就开始看《泰晤士报》和《观察家报》了，之后考取了剑桥、牛津这类名牌大学并成为社会精英。而底层的孩子多数按部就班地生活着，经历辍学、早婚、多子、失业这些可以预见的命运，除了一名叫尼克的孩子。尼克虽出身贫困但学习刻苦，从牛津大学毕业之后，他成为美国威斯康星大学的教授。这让我想起国内郑琼导演的纪录片《出路》，它讲述了三个出身不同的孩子从学校步入社会的过程，他们分别是甘肃大山里的女孩马百娟、湖北小镇青年徐佳、北京土著女孩袁晗寒。

马百娟家境贫寒，哥哥辍学外出打工，自己每天放学回家都要做饭、喂猪、干农活。在这种环境下长大的她心中只有一个愿望——考上北京的大学，将来能够每月挣1000块钱。她想通过读书来改变命运。然而，她的父亲却认为女孩子最终是别人家的人，没有必要花费时间去读书。没过多久她就不再读书了，在家里人的安排下嫁了人，完成了父母的心愿。她在自己还没活明白的时候就要养育下一代了。

小镇青年徐佳的父母都是工人，他们深知没有文化将来会吃亏，于是费尽心思地想让孩子通过考大学来改变家庭的命运，出人头地。顶着巨大的家庭压力，在经历三次高考后，徐佳终于考上了一所普通的本科，虽然不是名校，但是对于一名小镇青年来说已经很不容易了，他成了全家人的骄傲。大学毕业后，徐佳留在了省会城市，历经十年努力终于在这座二线城市买了房子，成为新晋的中产阶层。尽管他努力的终点还远远不及袁晗寒的起点，但他已经心满意足了。

北京女孩袁晗寒因成绩不好，中学时从美院附中辍学。辍学后，百无聊赖的她决定做些自己喜欢的事，于是跟家里要钱在南锣鼓巷开了一家咖啡馆，在她看来，只要饿不死就行了。没过多久，她的小店就关门了。因为对未来感到迷茫，她去周游了欧洲，并且在家人的支持下考上了德国杜塞尔多夫艺术学院。回国后她开了一家自己的公司。

这两部纪录片残酷又真实地记录了这些出身不同的人最终走向的人生道路，但是都没有给出结论。不管怎样，人生最终还是要掌握在自己手中，我们身边最多的就是像徐佳一样的小镇青年，通过自己的努力考上大学，毕业后陷入无尽的迷茫之中，家乡安置不了灵魂，异乡存放不了肉身。你又是从什么时候开始意识到自己是个普通人的呢？

据说人一生会长大三次：第一次是在发现自己不是世界中心的时候；第二次是在发现即使再怎么努力，有些事依旧无能为力的时候；第三次是在明明知道有些事无能为力，但还是尽力争取的时候。

我们都曾经自命不凡过,但不管你喝过多少"毒鸡汤",也不得不面对这样的现实:我们只是一个普通人,没有优越的家境,没有过人的天赋,我们会平凡度过一生的概率大到超乎想象,只能看着电影和小说中别人的传奇故事,度过自己的普通生活。但命运的指缝里总会有漏网之鱼,就像尼克通过努力成为大学教授,徐佳经历三次高考成为全村的骄傲,所以,即使感到无能为力也要尽力争取,至少会比现状好。

如果我们难以逾越自己的阶层成为精英,那我们只有接受现实,承认自己的普通,争取成为一名优秀的普通人。

82

陶杰在《杀鹌鹑的少女》中的一段话令我印象深刻:"当你老了,回顾一生,就会发觉:什么时候出国读书、什么时候决定做第一份职业、何时选定了对象而恋爱、什么时候结婚,其实都是命运的巨变。只是当时站在三岔路口,眼见风云千樯,你作出选择的那一日,在日记上,相当沉闷和平凡,当时还以为是生命中普通的一天。"

面临选择时刻的迷茫，是当下年轻人最大的焦虑。高考后开始选择学校，大学里选择专业，毕业后选择城市，工作后选择伴侣，我们拍拍脑袋就决定的事情，其实影响着自己的人生和命运。选择之所以难做，是因为它远没有我们原来设想的那么简单。

就像前几年房地产行业火热，也带动了土木工程、建筑设计、景观设计等从属行业的发展，与之相关的职业从而成为最热门的高薪职业。你不得不承认，只会埋头苦干，不懂审时度势的人很难走远。世界上最悲催的事就是你在做一个十足勤奋的人，但你依附的行业却在经历滑坡。你以为自己足够认真，但个人的力量难敌整个世界的发展趋势和变革，努力可以提高下限，而选择却能够提高上限。

可是，如果一个人放弃了努力，他可能连选择的机会都没有，努力越多，选择就越多。高中时期努力学习，高考后才能有名校供你挑选；大学时多参加实践活动，毕业时才能拿到更多的录取通知；工作时认真仔细，才能获得更多的升职机会。努力是获得这些的基础。但对现在的你来说，选择有时候比努力更重要。同样上一所大学，有的人选择从事自己喜欢的工作，有的人则选择了不那么喜欢却可以给自己带来更多收益的职业；有的人选择远离家乡去打拼闯荡，有的人则选择回到离家人最近的地方……这就开启了不同的命运。

选择能够决定你走多远。人生漫长，我们不指望每一步都选对，但求问心无愧。我们想要的东西有很多，一旦做出选择，也就意味着放弃了其他的可能。我们的成长就是不断选择和不断失去的过程，但愿你的每一个选择都是经过深思熟虑的，也希望你一旦选择了就不要再去怀恋失去的。

03

一个老生常谈的问题：成熟是什么？有人觉得成熟是世故圆滑和能说会道；有人觉得成熟是冷漠，是看懂世界之后无所求的冷眼旁观；有人觉得成熟是包容，能够对全世界都温柔以待……

在我看来，成熟是一种能力，是一种高情商，它不是与生俱来的，而是需要在后天的经历中顿悟。它没有年龄限制，它可以使人一夜长大。在成为一名优秀的普通人的道路上，走向成熟是不得不经历的一环，我认为成熟的人应该具备以下能力。

第一，自我情绪管理的能力。

一个人的成熟是从控制自己的情绪开始的。小孩子很难控制自己的情绪，愤怒的时候会大叫，伤心的时候会大哭，跟人有了矛盾会恨不得打个头破血流。

一个成熟的成年人懂得不让自己的情绪表现得太过明显，生气的时候不会满怀恶意地去说令身边人伤心的话，懂得给自己疗伤，安抚自己。合理控制情绪不仅是指不轻易愤怒，也是指合理愤怒。一个不懂生气的老好人往往得不到尊重，所以能做到让自己的情绪收放自如的人懂得什么时候该用生气来震慑对方，又能做到不较真，不伤害双方的关系，还能不伤身体。情绪有时候表明的是一种态度，要学会运用情绪让社交变得游刃有余。

第二，自我剖析和反思的能力。

反思是一种高级的能力，大脑告诉我们，想要看到自己需要一面镜子，而对看到的自己加以剖析又需要一面镜子，所以人的反思是很复杂的。很多人只能用眼睛看到万事万物，这其中包括一些高智商的人，他们思维敏锐，但不具备反思的能力。

反思是对自己的内心进行解剖，敢于否定自我，在不断问自己为什么这么做、这么想的时候，产生新的思考。懂得反思的人绝不是自恋者，他们在否定自己中获得成长，对自己有新的认识，所以也就更加谦逊。

第三，理解他人和换位思考的能力。

高情商者，能够读懂别人并学会换位思考；木讷的人看不出别人在想什么，读不懂别人想要表达的意思。一个成熟的人是需要一定情商的。

一个人懂得自己被别人用狠毒的话攻击时就像刀子捅在心口上一样痛，自然就不会对别人恶语相向。但不是每个人都有这种共情能力，有的人之所以说话难听，不体谅别人，就是无法换位思考。成熟的人做事时，不会莽莽撞撞、没轻没重，他会权衡再三，照顾到每一个人的感受，既不委屈自己，又不冷落别人。

第四，主动承担责任的能力。

每个成年人都有权利选择一种生活方式，在若干可能性中选择自己想要的人生，但是也应该明白要对自己的选择负责。一旦明白人生的所有抉择都需要自己承担责任，就不会轻易地做出决定，懂得评估风险也是成熟者必备的一项能力。

上哪一所大学，选择什么专业，从事什么行业，和谁共度余生，在哪座城市发展，要不要孩子……这些都是人生的重大决策，别人的意见只是参考，最终还是需要找到适合自己的道路。做到这一点并不容易，因为很多选择都会让人在未来几年内后悔，所以花费大量时间去思考和评估尤为重要。在这方面，成熟的人会深入钻研，遇到问题及时止损。每个人都是第一次活，都没有办法用自己的经验诠释所有人的人生，大家只能慢慢探索属于自己的道路。选择的结果需要独自去承担，一个人有担当，是成熟的开始。

当我们具备上面说的这些条件，我们就有了大局意识。做事思考全面，不会意气用事，这些不是对一个人的过高要求，而是一个优秀的普通人的基本品质。

84

读过那么多"鸡汤"，依旧没能成功；懂得那么多道理，依旧过不好一生。我不会给你熬一锅"心灵鸡汤"，告诉你马云、雷军、俞敏洪是如何努力奋斗取得成功的。他们的成功独一无二，在互联网时代格外耀眼。很多成功的人在演讲时都会告诉大家要努力走向成功，殊不知千千万万比他们更努力的人都没有获得成功，无法出现在大众的视野中。

绝大多数人是平凡的，人与人从出生开始就存在着差距，我们面对的一个现实，是有的人哪怕拼尽全力也只能让自己成为一个普通人。你的阅历、你悟出来的一些道理，可能在别人眼里只是常识；你拼尽全力考上大学，走出家乡来到大城市，认为自己问心无愧，而有些人一出生就在都市。所以我才会说，努力做一个优秀的普通人，不奢求大富大贵，但要有稳定的收入和不断向上发展的事业，懂得在苦难的人生中找寻"小确幸"。

富贵险中求，富人敢于冒险，穷人安分守己，这其中的道理是非常复杂的。穷人之所以求稳是因为输不起，爱冒险的富人也会倾家荡产，但是没有人关注他们，这是一个概率问题。一个人的成功，好事之人喜欢加以分析，说是因为他敢于拼搏、积极向上、思维敏锐，其实可能仅仅是幸运。

也许我们真的注定是平凡的，接受自己的平凡没有什么不好，至少我们可以让自己更优秀。苦心人，天不负，只要肯吃苦，一定能过得比现在更好，至于能好到哪里，就只能尽人事，听天命了。尽人事，无悔；听天命，无怨。

普通人也有资格过好这一生，富人也有本难念的经，只是一个人无论处于什么状态都要有向上发展的动力。比如经营好自己的事业，哪怕赚得不多，但也要持续努力；一家人攒钱买一套房子，可以不大，但要试着拥有；工作之余，培养几个小爱好；闲暇之际，约三五好友吃饭聊天；偶尔带上家人出去旅行，看看外面的世界。这是所有人都能追求的东西,也是幸福之本。在平凡的人生中享受平凡的战果,在普通的日子里感受普通的快乐,也许就足以过好这一生了。

因为一无所有，所以无所不能

01

一个从穷苦日子走过来的人会对钱有着迫切的渴望，因为他最明白，那些在富人眼里不算事情的事情，对他而言，却足以颠覆他的一生。

以前听父辈们说穷人的孩子早当家，比富人家的孩子更有出息，因为他们知道自己家境不好，所以会更认真地学习，而恰巧当时我们那个小县城十年一遇的一个北大生是个贫寒家庭里的女孩，这成了他们的言论更加有力的佐证。

如今，即使再难，人们想要改变命运的愿望依旧热切，每年背上行李冲进"北上广"的年轻人只增不减，他们向命运呐喊，要靠自己实现蜕变。我们都知道贫穷是可怕的，可比贫穷更可怕的是穷并堕落着。

82

高中毕业后，我考上了大学，我的一个同学落榜后，家里因子女多、负担重，就没让他去上专科。在我去大学报到的时候，他也选择了离开家乡，去上海打工。他到了上海，先是当服务员，后来去了酒厂，然后又在电子厂做着流水线的工作。他一个人在繁华喧嚣的上海拿着微不足道的薪水，承受着孤独和压力，羡慕出入写字楼的白领，更羡慕年纪轻轻就开着豪车在马路上飞驰的青年，而自己却无依无靠地待在不属于自己的大都市。

他不明白为什么命运那么不公平，感觉自己很累并且看不到方向。我劝他攒钱去学技术，学门手艺就不会那么累，而且他现在的生活方式也不是长久之计。他说自己不是学习的料，从高中就不想学习，只能走一步算一步了。后来听说他从上海回到老家，在家里无所事事地待了一年后又不得不外出打工了。

可是他才20多岁，只要他肯努力，他的生命还有无限可能，为什么他宁愿干苦力活也不去学点有用的东西呢？一个人在社会中能够获得怎样的待遇取决于你拥有的资源：假如你的资源是技术，那么你可以运用技术获得报酬；假如你的资源是知识，那么你可以运用知识获得财富……如果你没有这些资源，那就只能从事出卖体力的工作。你的资源越丰富，收获的也就越多，所以用挣的钱提高自己吧，让自己获得更丰富的资源。

改变自己！你肯定在某一个阶段有过这样强烈的冲动，但这样的想法却被种种诱惑弄得消失殆尽。渴望改变自己，却不肯努力；幻想着逆袭为"男神"，却没有每天在健身房挥洒汗水的毅力；想要让自己更有内涵，却连一本书也读不下去；想要找一个挣钱的工作，却没有能拿得出手的技能。很多时候我们的努力仅仅是酒足饭饱后的一时兴起，没过两个星期就被打回原形。

我认识一个人，当他得知从小把他带大的爷爷得了绝症时，他痛哭流涕，却无能为力。当他看到父母低三下四地向别人借钱时，他下定决心洗心革面。他删掉了电脑里所有的游戏，每天忙于学习。但是在爷爷去世一个多月后，他又把游戏一个不差地安装回来。死别也没能改变这个人，这个人是不是就无药可救了？

为什么世界上的精英或者有钱人总是少数？我不得而知。

03

我有个发小，单亲家庭，和母亲相依为命。他在高考完填报志愿的时候问我报什么专业好，我让他报个自己喜欢的，最好是工科、好就业的专业。但是他的班主任告诉他，他家家庭情况不好，外面的房价太高，将来只能回到县城里就业，县城里也没有什么公司，只能考老师，于是就建议他报他极不喜欢也不擅长的应用数学专业，理由是数学老师挣钱多些。一向是乖乖男的他自然听从了老师的建议。

一年后再见到他，他一脸的憔悴，说自己后悔死了，他对数学没有兴趣，期末考试的时候挂了几科。我说："你的班主任真的很现实，但也在你还没步入社会的时候就扼杀了你绝大多数的可能，在你新的人生还没开始时就给它套上了枷锁。家境不好不是理由，穷也依然有富的可能，不去试怎么知道自己会活成什么样子呢？"

实际情况是因为穷，很多家庭支离破碎；因为穷，不少孩子得不到更好的教育；因为穷，人到中年还在为年轻时的选择而后悔。生在农村的我看到过很多老人生了一些小病却没钱治疗，膝下子女虽多但子女只顾及各自的家庭。有的人说孝顺是陪伴着父母，而对于穷人来说，陪伴固然重要，但能够在至亲患病时给钱治疗何尝不是一种孝道。

"贫穷"二字，就像一根插进心里的刺，无论喝酒喝得有多欢，无论与人谈笑有多么尽兴，无论你如何尝试把它忘记，它总会在不经意间提醒你那里有多痛。穷，怎么可以不努力？

没有富足的家境，没有优越的条件，你改变不了这些，只能改变自己。当你选择稳定和安逸的时候，就会失去机遇；当你不为未来打算的时候，困境将会打你个措手不及。每个人都有改变自己人生的权利，选择一条与昨天不同的道路，让今天所发生的事情无法预测，无论惊险重重或是惊喜连连，而不是让生活周而复始。今天睁开眼睛的时候就开始重复昨天的日子，一成不变的生活怎么能带来意想不到的可能？

84

现在的生活压力更大，车子和房子成了年轻人的枷锁。缺钱，是一件极其无奈的事，很多"月光"的上班族现在也开始存钱，只为了给未来一个保障。我想大多数出身贫穷的人多少都有些自卑、沉默且很少表达，也正是因为贫穷，多少也受过白眼，被人看不起。然而，人生不能总是如此，用鲁迅的话来说："沉默呵，沉默呵！不在沉默中爆发，就在沉默中灭亡。"

我希望你可以"不鸣则已，一鸣惊人"，告诉那些曾经无视你的人，谁才是人生的赢家。你一定要相信苍天不负苦心人，人们恐惧的往往是困难来临前的一段时间,真正面对困难时反而无所畏惧了,过后回想起来,曾以为过不去的坎也不过如此。所以,活在当下,着眼未来。

因为穷,所以一无所有;因为一无所有,所以无所不能。

不惧任何人，不怕任何事

01

朋友找我聊天时说："大学快要毕业的时候，感觉自己一下子被掏空了。从小到大，一直都在上学，最常接触的就是老师和同学，已经习惯了校园里的生活，想着自己马上要步入社会，要开始承担责任，然后挑起家庭的重担，就觉得可怕。"

他感觉自己还没有做好心理准备，大一的时候觉得自己还是一个高中刚毕业的孩子，大二的时候认为毕业遥遥无期，浑浑噩噩地到了大四，突然被打了个措手不及，因此对即将走出校园感到非常恐惧。

一个即将大学毕业的人没有任何的优势，害怕过上自己曾经嗤之以鼻的那种生活，曾经幻想过的未来在这个时候被击得粉碎，想要退缩却被现实逼着不得不一直往前,心里感到十分不安,也开始为大学四年里虚度光阴感到后悔。

可后悔是没有用的,我们都会因未来的不确定性感到恐惧,怀疑自己的能力不足以让我们到达想去的地方。我当时并没有说一些鼓励的话安慰那个朋友,因为我知道,自己并不比他好多少,我也经常对未来有种不可名状的恐惧感。

我们所要面对的事情就像一道道关卡,如果不改变当时的状态,即便再有十年时间,也会拿出九年去浪费,再在最后一年感到不安。既然如此,不如硬着头皮往前冲吧!

02

说到步入社会,我想到了我的初中同学小建。初中毕业之后,小建由于学习成绩和家庭条件不好,不得不辍学外出打工。和我们这些继续学业的人相比,他走上了不同的人生道路。

小建刚去上海的时候,和很多人一样,住在破旧不堪的出租屋,日子过得很不好。他给我打电话时说自己连 Word 都不会用,和人说话操着一口方言,感觉自己一无是处,说完这些还不忘叮嘱我要多学一些有用的技能。

之后小建开始了一边打工一边学习的生活，走了不少弯路，还经历了一次失败的创业。在这个"摸着石头过河"的过程中，他慢慢找到了自己的兴趣，经过不断努力，成了别人口中的"程序猿"。他再也不用靠苦力赚钱，他的年薪很高，过年回家时穿得很体面，也会给父母添置很多物件，让他们能过得好一点。在那个小地方，亲戚朋友们都夸小建有出息了，甚至说他是村里的骄傲，毕竟谁也没想到一个初中毕业的人可以整日出入大城市的写字楼。

作为好朋友的我，看到了小建应付周围人时的倦怠，有一次我问他："累吗？"小建的眼神里闪过一丝惊疑，应该是没人跟他说过这句话吧。他叹了口气，然后对我说："累！"

那些夸他的人不知道，他也不会告诉他们，当他独自一人来到陌生的上海时，他承受着无助和惶恐；当他白天上完班，晚上还要熬夜看书时，他承受着孤独奋斗带来的苦楚；当他被人嘲笑是土鳖却不知如何应对时，他承受着尴尬；当他一句话惹怒老板娘，被扇了一巴掌时，他承受着委屈；等等。这些都曾让他在长夜里恸哭难眠。他也曾无数次地想过回家，可回家干什么呢？父母和弟弟妹妹都需要依靠他，他不能倒下。好在，他最终熬了过来。

"不过现在都好起来了。"似乎是为了缓和略显沉重的气氛，或是不想再表现出自己柔弱的那一面，小建笑着说。

他笑的时候，我忽然想起了初中时他那张稚嫩的脸。他并没有创业，也没有年薪百万，他只是像很多人一样，凭借自己的努力让自己和家人过得越来越好。

我们都是普通人，没有那么多轰轰烈烈的人生经历，却总会遇到很多事并感到不安、焦虑、退缩和恐惧，但我们之所以逼着自己勇往直前，是因为我们没有后退的余地。很多时候我们认为自己正在和挫败感战斗，其实不是。我们最大的敌人是自己，要战胜的，也是自己。

03

我记得自己小时候是不敢一个人去商店买东西的，往往要站在门口半个小时，然后需要鼓很大的勇气才敢进去，出来后又感觉老板很友好。成功去商店买东西对那个时候的我来说是一件很有成就感的事情。我有很多让人不理解的想法：上学的时候因为怕老师叫自己回答问题，把头埋到桌子下面装作找东西；第一次坐火车时心里忐忑了一路，左盯右看地担心碰到坏人；害怕当众说话，被迫要上台演讲时紧张到双腿发软，语无伦次；害怕开车，想到要开着车在马路上行驶，心里就忐忑不安。

从小到大，我逃避了很多困难，也克服了很多困难。表哥经常对我说一句话——你要不惧任何人，不怕任何事。表哥很早就辍学了，高中毕业之后当了水手（现在都被称为船员）。他每年都要去很多国家，接触各种各样的人。他所在的轮船上只有他一个人敢用并不流利的英语和外国人对话，也是在这样的过程中，他的英语口语水平变得越来越好。慢慢地，他开始负责一些翻译的工作。一个船员拥有这样的技能，无论在哪艘船上都会被人另眼相看的。但我猜他第一次用英语和外国人交流时，心里也一定是紧张的，在那种情况下，怎么可能一点儿不心虚呢？

我们的恐惧多是因为和自己的内心在不停地较量。大家都有过一些参加比赛的经验，在比赛之前我们都会感到紧张，而当我们身处比赛状态中时，会觉得自己也没有想象中的那么弱，而且随着比赛的进行，还会变得越来越勇敢，虽然最后有可能会失败。在生活中遇到的很多事也和比赛一样，有的时候我们会害怕得选择逃避，有的时候会迫于无奈硬着头皮接招，最后换来一败涂地的结局，也许还掺杂着别人的冷嘲热讽。可是，当过段时间再回头看，就会觉得不过如此，逃避的成了遗憾，挺过来的成了经验。

勇敢是每个人的必修课,我们都要学会面对。不怕任何人,不惧任何事,才能让自己的内心真正强大起来。很多的人和事终究是逃不掉、躲不开的,就像太阳的东升西落带来的昼夜交替,就算你不喜欢黑夜,你也不必因此感到心烦,因为那不是我们可以改变的。同样,活在这个世界上绝不可能不遇到任何挫折,总会有坑,但也总会有路。

正因为人生路上遇到了那些艰难险阻,人才会长大,才会变得成熟。所谓成熟,就是越来越懂得很多事情并不会因为你的喜欢或恐惧而改变,还有未知的困难在前方等着你,总会遇到困难也总会想到解决困难的办法。

从容一点,人生也不过如此。

我们终会在更高处相见

01

不管选择以怎样的方式度过一生，都不可能完全脱离这个社会和人际关系。在人生的进程中，你会彷徨，会纠结，害怕身不由己，害怕不能按照自己的意愿自由地生活。也许执着，因为怀揣着梦想和追求；也许期待，想在这个世界有更多的体验。

人生的道路不会总是坦途，每个阶段想的、做的、遇到的，都各有不同。有的人会在自己的狭窄空间里迷失，有的人直到生命的最后时刻才真正了解自己。所以，不要害怕，无论你以怎样的生活方式走过人生旅程，你想要的终究会在想象不到的地方等着你。

02

　　无论处于人生的哪个阶段，永远不要停止对知识的渴求。很多人在工作之后总是用各种理由为自己不再学习开脱，有人甚至认为曾经受过的教育对自己的生活毫无用处。其实并不是这样的，教育带给人的影响是潜移默化的，你的人生观、世界观、价值观、思维方式等，都是在受教育的过程中不知不觉塑造的，只是自己没有意识到而已。

　　你当下的知识储备还远远不够一生所用，你还有很长的一段路要走，不停地学习是为了一点一点地拓展生命的宽度和厚度。千百年来，人类的智慧和思想留存在一本又一本的著作里，聪明的人喜欢在这个基础上思考问题，愚蠢的人则只喜欢用自己的人生阅历总结经验并对此深信不疑，即便有些经验并不客观。

　　能和古今中外的贤者进行思想上的交流，那种感觉是很特别的。即便是从对现实有利的角度来说，那些看似遥远和深奥的话语，在很大程度上也是能够解救人生困境的。无论在人生的哪个阶段放弃对学习的渴求，都将难以客观和理性地看待世界和自己。

03

我们看到了太多的人在步入社会之后,被现实磨得失去了棱角,变得世故而圆滑。这是我们无法改变的过程,但我们可以让自己活得不那么随波逐流,拼尽全力换一个无比精彩的人生。生活不是只有钱,还有支撑人的梦想。

身边的很多人一谈到梦想,都离不开加薪、升职、创业……梦想的实现需要钱,但钱永远没办法代替一切。拿旅行来说,如果把这件事当作梦想,那么做攻略、安排时间、攒一笔钱……然后开始旅程,邀请朋友同行或者只身上路,这个过程是很美好的。看着自己一天天地接近梦想,你会感受到空前的快乐。

我很不愿意看到很多中年人因为年岁渐长而认命的样子。摩西奶奶76岁才开始画画,她的画作透露着质朴和快乐。我曾想,如果摩西奶奶的画没有被人发现,那她又会是怎样的呢?应该也是快乐的吧,她的快乐在于她自身的追求,正如她自己所说:"人生没有太晚的开始。"有人总说已经晚了,实际上,当下就是最好的时光。对于一个真正有追求的人来说,生命的每一天都是年轻的、及时的。

人什么时候都不能失去追求,只要活着,一切就还来得及。

04

从小学到高中，几乎每个人都要经历这难忘又略带苦涩的12年，为了考一个好大学而奋斗，然后面对高考。毕业之后参加工作，在职场中摸爬滚打几十年，为自我实现，也为三餐一宿。那幸福呢？

当我们习惯了每天重复的生活，就会渐渐忘记自己的初衷。钱、名声、权势、被认可、被崇拜等，无论是精神方面还是物质方面，都太有诱惑力了，太多的人为此争抢。但很多人都忘了，那些东西说到底无非是获得幸福的工具。我们看看周围的人，不知有多少人正在做着本末倒置的事呢！

拿金钱来说，无所谓好坏，只是拥有的人会被分成好人和坏人。在当今这个时代，钱是我们拥有幸福很重要的因素之一，追求金钱并不可耻，只不过有些人会用侵害他人利益的手段来赚取金钱。这样的人多了，金钱就成了人们眼中的万恶之源。很多时候，人们不顾一切地想要满足自己的欲望，结果满足之后却没有想象中那么快乐，就是因为不知道自己内心真正想要的是什么。希望年轻人们能够不用走很多弯路就懂得这个道理，虽然置身俗世，但仍然保有一颗纯粹的心。

我们的人生被那么多外在的因素影响着，无论你是正在读书的学生还是已在赚钱养家的成年人，欲望就像一个无底洞，永远都无法填满；为了满足这些欲望，要走的路也不会有尽头。总有一天我们会发现，仅仅追求物质是无法填满内心的，也许是一次疾病，也许是公司破产，然后，我们才会在这个花花世界里看到，原来幸福不需要那么复杂，它简单质朴，仅此而已。

无论生活有多少附加的困难和不堪，都不要忘掉自己想要追求的幸福。

05

我们常常只顾前行却忘记了最初为什么上路，以为时间和经历已经让自己明白了很多道理，但有时候反而觉得明白得越多越不知所措。无论你赚了多少钱，经历了多少事情，你都曾经拥有过简单的生活，天真过，也懵懂过，眼神里透着纯真。可长大之后的一切都变了，你不再是从前的那个孩子。是因为世界的纷扰吗？不是的，纷扰的是我们自己，不安的是人心。我们都会长大，也会慢慢变老，但不要因为其他事物而忘却自己曾经简单和纯粹的心，不要因为一时的困扰而屈从于世俗，暂时跳出来，哪怕用孩童时的视角重新看待，事情也许就会简单很多。

我记得有人曾经问过我"为什么懂得那么多道理，却仍然过不好这一生"，我当时的回答好像是："人长大了，变复杂了。"其实我想表达的是，偶尔用童心来面对生活，也许会活得更洒脱、更快乐一点吧。

置身于社会激烈的竞争中并不可怕，可怕的是人心难测。我们改变不了所有人，但可以不惧一切并做好自己。多读书、有追求、不忘本心、保持童心，这些不一定能让人变成富翁，但可以给人好好生活的力量。

独立思考才对得起自己的头脑

01

2018年发生过一件事：一位网友在微博上发布了一张照片，在当时引起了不小的争议。照片中，一名海关的工作人员正穿着吊带裙在窗口办公。发布照片的人配文写道："改进窗口工作作风吗？海关真是走在前列。"

一石激起千层浪，没过多久，这条微博就成了热门话题。在很多人眼里，照片中工作人员的穿着是对海关工作的亵渎，这名工作人员不注重形象，衣着太过随意，这样的人不应该在海关单位工作。可事实却不是我们看到的那样，照片中身穿吊带裙的工作人员事先已经请过假，就在她刚换上便服准备离开时，恰好有人办理业务，为了不耽误时间，也是出于好心，这个工作人员又留了下来，没想到引发了这样的事情。

真相大白了，所有的诋毁和攻击都没有了。我很喜欢这样的观点——你可以接话，但不可以不明就里地接话。也就是说，你可以说话，但不要胡乱传话。在互联网时代，社交媒体上的点赞和分享是一件极其简单并且传播代价小得几乎可以忽略不计的事，也因为这样，是非善恶的界定在一定程度上受到了挑战。我们如果认不清现实，可以选择收声，或者用力地发出真实且正确的声音。

82

我们经常会听到"别人都……所以……"这样的话，最常见的就是"别人都到年龄就结婚了，所以你也应该抓紧结婚""别人都买房了，所以你也要赶快攒钱赶上"……类似的话还有很多。

很多人或者你身边的人都在做的事你是否也要做，这是需要经过自己的理性思考才能得出结论的，而不是单纯地把别人当作参照物。独立思考的前提是我们开始意识到不能再随波逐流。

狭隘的人只会相信自己看到的事情，虽然眼见并不一定为实，但他们对于未知的事物不相信也不愿意相信，更不会去思考。而一个真正有智慧的人是开放的，他明白自己认知的局限，即便没有听过、见过，也会试着理解凡事都有可能，带着一种开放的心态接收所有的信息，然后加以思考，最终得出一个结论。

任何人都有可能犯错，任何信息也都有可能出错，当我们接收到外界的信息时，多少需要持一些怀疑态度，对信息加以思考和分析，再来确定信息的可信度，这样才可以保证自己判断的准确性。

我们固有的认知随着时代的进步很有可能被颠覆，一个独立思考的人需要拥抱所有的可能性，对未知怀有一种敬畏和开放的心态。我们的知识越多，就越能感受到世界的浩大和自身的渺小。也因为这样，我们会看到知识越渊博的人越虚心，他们不会轻易地对事物下判断，反而是那些"半瓶晃荡"的人遇事会表现得十分固执，不会用开放的头脑去分析和思考未知。

我们经常会遇到一些场景，比如：有些人在大家讨论某个话题时总是没有自己的想法，别人说什么都觉得对，别人觉得什么不好，他也觉得不好；有些人受到这个信息爆炸的时代的影响，遇事不经自己的思考就人云亦云，不停地重复别人说过的话；还有些人深受消费主义的"毒害"，疯狂"种草"网络主播推销的各种所谓可以提升生活品质的好物,用超前消费来满足自己的虚荣心,却不管自己对此是否需要。

没有独立思考能力的人是无法建立自己的认知体系的,他们的意识都是从各种渠道获取之后拼接而成的碎片化信息,这样形成的思维当然也只会停留在表面上。

03

伯特兰·罗素认为许多人宁愿死也不愿思考,事实上他们也确实到死都没有思考。对于很多人来说,思考是一件特别麻烦的事情,不只如此,他们还会嘲笑那些经常思考的人,说他们总是想太多。这些人宁愿麻木地活着,也不愿意多加思考,不一定全是因为懒惰,他们也很可能是吃苦耐劳的人,但就是不愿意思考。可我们需要知道的是,具有独立思考和深度思考的能力其实远远比低效率的勤奋更重要。人如果放弃了思考,就只是麻木而愚昧地活着。

不喜欢思考的人注定是格局很小的人,他们在遇到事情或者想问题时是简单固执的。比如:别人都这么做,我照着做也不会错;从古至今人们都这样说,肯定是有道理的;从小到大都是这么过来的，就按照以往的经验来做……

　　这种人的精神是懒惰的，要么盲目从众，要么固执己见。世界上没有两片完全相同的树叶，也没有两个完全相同的人。每一个人都是复杂的个体，我们没有办法将别人的经验套用在自己的身上，没有人可以了解我们内心真正想要的是什么。时代的车轮滚滚向前，一味依靠经验只会让人落后于时代，变得保守和狭隘。

　　更多的时候，人们懒惰到想只通过一两句话就能简单地概括这个复杂多变的世界。我们经常能听到"学理科好就业，学文科没出路"，或者"到了25岁就得为结婚早做准备，再大就晚了"，又或者"人得有孩子，没有孩子的人不幸福"之类的话。人们说这些话的时候，通常都是脱口而出的，这些话是在简单地把所有人都当成一类人，认为任何事情都只有一种解决的途径，仿佛一句话就能概括普遍现象。但每一个人性格不同，喜好不同，擅长的东西不同，选择也自然各不相同。

　　一个拥有独立思考能力的人一定有着强烈的自我意识，会不断思考自己真正想要的是什么，就像苏格拉底说的那样——认识你自己。你对自己的人生方向坚定无比，就可以在人生道路上做出最合适的选择，哪怕这个选择是与众不同的，是极为小众的，但只要你不违背本心，就能体验自我价值实现的乐趣。

世界在你的舒适区之外

01

刚上大学的时候,我认识一个喜欢旅游的朋友,看着他常常在朋友圈里晒自己拍的美景,我很羡慕,有时间就会邀请他结伴旅行。

有一次,我们一起去黄山,我在旅途中一直主动地给他拍照修图,他把图片发到朋友圈,还夸我把他拍得很帅。但当我提议他给我拍照时,他却一脸不耐烦,即便接过相机,也只是对着我敷衍地按下快门键,出现在照片中的我要多难看有多难看。

我开玩笑地说让他学学摄影,可他却特别认真地回答我:"我本来就不会,你要是觉得我拍得不好就算了。"

我没想到自己的玩笑话竟然让他有这么大的反应,他觉得我是在指责他，我当时也没好气地说："好，那以后也别指望我给你拍照片了。"

他不屑地对我说："不拍就不拍，无所谓！"

那次之后，我们曾经聊起过这次旅途中的不愉快。原来他和别人一起出去玩时，都是别人负责拍照片，他再要过来发到自己的朋友圈，但是给他点赞的朋友都以为是他自己拍的。他很羡慕别人的拍照水平，但自己却不愿意去试着学习，或者下定决心学的时候又一直在拖延。

这件小事暴露了他喜欢待在自己的舒适区里。明知自己的拍照水平不好，却不肯好好学习，只是在心里默默地羡慕别人。或许，他只有在看到别人不遗余力实现目标时才会生发感悟：如果当初能像别人一样努力，自己的生活是不是就会有巨大的改变？

82

如果一个人持久地做一件事，就会慢慢形成习惯。拿我自己来说，我一直都在写东西，如果我每天都写，哪怕只是记录一些想法，我都会越来越热爱写作，可一旦松懈，休息了几天，我再写东西的时候就会变得毫无头绪，甚至会拖上几十天都写不出一段理想的文字。

同样是生活,为什么非要努力,待在自己的舒适区不好吗?一定有人会这么想。可是,待在舒适区会让我们的生活一成不变,时间久了,再想去做一些有意义的事情就很难了。舒适区只是看着舒适,人待在这里久了会变得越来越焦虑。

我可以宅在家里很多天,但等到出门的时候会感觉自己提不起精神,昏昏沉沉的,到了晚上就会感到焦虑。时间很快地过去了,回头一想,才发现自己什么都没干,看似过了很轻松的日子,内心却无比烦躁。走出舒适区看着很累,却会让生活变得充实。

比累更难以忍受的是空虚,待在自己的舒适区不肯出来的人很多都是空虚的。做出改变,时常挑战对自己来说陌生的领域,才能看到更广阔的世界。一个从不运动的人开始跑步,一个喜欢宅在家里的人开始旅行,一个身材肥胖的人开始健身,一个不好好学习的人开始用功……

当你走出舒适区,经历才能丰富起来。运动之后喝水,可能会喝出一丝甜味;流汗之后冲凉,身体会变得更舒爽;跨过山海看见小镇,便会感觉那是世外桃源;费力地解出一道难题之后,就会感受到成就感附赠的欣喜。

03

只有累过才有舒适，只有苦过才懂甘甜，只有付出才有回报，只有挑战才能充实。待在舒适区的生活过于平淡，甚至会让人感到无聊。所谓的舒适区只不过是表面的，它并不是真的舒适。

走出舒适区，可以让自己拥有更舒适的生活方式。比如，你羡慕那些拍照技术很好的人，却迟迟不肯去学习，那就逼自己一把，去网上找教程或是参加学习班。摄影技术是非常有价值的，掌握了好处多多，尽管学习的过程是辛苦的，但结果是让人欣喜的。

再比如，你宅在家里看了一整天的电视剧或是玩了一整天游戏，感到空虚，便责怪自己什么都没干却浪费了一天时间。对于影视工作者和专业的电竞选手来说，看剧与打游戏就不是在消磨时间了。但你觉得没有意义，这个时候就应该去做一些对你来说有价值的事情。

不过，如果你天性不喜热闹，不善交际，愿意一个人做些自己喜欢的事情，却有人跳出来对你说要学着和人打交道，走出自己的舒适区，这样是不合适的。一个内心并不愿意交际应酬的人，即便勉强学会了圆滑处世，也会因为违背了本心，而无法拥有真正的舒适，这是没有必要的。

我们每个人都有权利去过让自己感到舒适的生活,这是无可厚非的。但走出自己的舒适区,进行一些挑战和尝试的目的也不是自找苦吃,而是为了让人生多一些不同的体验,让自己能换一个视角看待我们身处的这个世界。让我们不断地丰富自己的阅历,从而获取更舒适的生活方式。

Chapter 4

第四章
全世界少了一个你

做一个有格调的人

01

所谓格调，是一种优雅的风尚，可以用风范、品位、内涵来形容。对于我们来说，格调是一种看不见摸不着的气质，有格调的人大多是注重生活质量、满足精神需求、在意生活细节的人，他们富有情趣，并怡然自乐。

追求格调是一种高雅的生活态度。有些人会感到空虚，无所事事，而注重生活品位的人总是有事可做。事实上，做一个有格调的人不仅能够提高自己的涵养，还能够提升自己的幸福感，让生活充实并富有意义。

一个有格调的人，无论是在事业、交友还是自己的情操上都能够得到不一样的满足。

我认为有格调的反义词并非没格调。如果有格调代表的是高雅,那么它的反义词应该是低俗。但是没格调并非低俗,没格调或许是普通,但普通不是罪过。就像曾经引发热议的"咖啡和大蒜"一样,喝咖啡并不一定就是高雅,吃大蒜也不一定是低俗。我们常做的事情大多数都是普普通通的,把普普通通的事做得优雅是格调,做得不优雅也未必是低俗。

02

有格调的人或许和没格调的人没有共同语言,这是很正常的,但不要因此互相看不起对方,这本身就不是有格调的表现。和大家分享几个我觉得可以提升格调的方式。

第一,运动。

我把运动放在第一位是因为运动可以增加人的魅力。当今社会不需要你打仗,但养成运动的习惯一定不是坏事,保持体态是外在美的关键。现在很多人都是大腹便便,他们和经常锻炼的人站在一起,谁看上去更有精神?可想而知。运动能给人带来健康和活力，不妨在跑步、骑行、打篮球、踢足球等运动里选择一种适合自己的。

第二，衣着。

衣着的讲究也很多，但归根到底就一句话，在合适的场合穿合适的衣服。正式的场合尽量选择西装，深色西装配浅色衬衫，实在不会搭配可以选择黑色——无论西装还是衬衫，黑色都是百搭的，而且不会显得突兀。在一些休闲的场合，穿着就可以随意一些了，别太跳脱惹人反感就可以。如果有兴趣，可以看看时尚杂志，了解一下服装搭配和品牌选择。

第三，饮食。

在咖啡厅用笔记本电脑办公，选择高档的餐厅听着轻音乐享用一顿丰盛的晚餐，这是很多人喜欢的。但设想一下，自己在家亲手冲一杯咖啡，或者亲自下厨做一顿色香味俱全的饭菜，会不会感到格外的舒心和惬意？这种满足感是餐厅提供不了的。

第四，素养。

法律是最低的行为规范，道德是最高的行为准则。那么素养就应该是介于二者之间的处事标准了。不要求你多么舍己为人，但在公共场合不喧哗，等车时不插队，不随手扔垃圾，等等，这些事并非难如登天。和有素养的人相处会让人感到舒服。

第五，言谈举止。

仔细观察身边的人你会发现，有些人的言谈举止从来都是落落大方并且让别人感到舒服的，他们即使衣着随意也不会显得突兀，连走路的姿势都是大方的，做事更是干净利落。而有些人，脏话和低俗玩笑从不离口，在公共场合也毫不顾忌地吵吵嚷嚷，这样的人，往往和"格调"一词沾不上边。

第六，阅历。

多去不同的地方走走，增加自己的见识。人的阅历越来越多，看待事物就会越来越客观，也会让自己遇到事情的时候可以保持从容和淡定。当然，多读书也是一种增加阅历的方式，足不出户也可以阅尽天下事，读书给人带来的涵养和气质是潜移默化的。当然，选择看什么书也是很重要的，网络上有各种各样的推荐书单，可以根据自己的阅读倾向自由选择。不过要注意是谁推荐的书单，有些人推荐的书单是很不靠谱的，选择的时候要擦亮双眼。

第七，志趣。

人的志趣能看出一个人的品位，比如运动、收藏、书法、旅行、摄影、写作、音乐等等。我们要提高自己的审美能力和对事物的鉴赏能力，不盲从，不人云亦云，有自己的态度和见解。

03

不是每个人都必须追求有格调的生活，但那样的生活一定是丰富的，谁也不想自己的生活是枯燥乏味的吧？通过时间的沉淀，加之一颗期望改变的心，当你越来越能感受到生活的充实，就意味着离充满格调的生活越来越近了。

做一个有格调的人，实际上也是对自己提出要求，丰富自己，让自己获得精神世界的满足，树立正确的三观，让自己可以辩证地看待问题。当然，这需要一定的物质基础，而且格调的养成也不是一两天就可以做到的。敢想也要敢做，直到某一天，你会发现自己完成了蜕变，变成了一个更好的人。

愿有人陪你慢慢变老

01

时间久了,爱情变成了柴米油盐的长久陪伴。但无论如何,有你在身边,爱情才叫爱情,人生才叫人生。爱很脆弱,两个人的爱情可以从开始的轰轰烈烈变成之后的索然无味,可索然无味就意味着不爱了吗?

我看过一部名叫《人生果实》的纪录片,也许在里面,我们可以找到如何在平淡生活中维系长久爱情的答案。这部纪录片借由津端修一夫妇丰富的生活阅历和一幢林间的小屋,向我们展示了那些深藏于大自然中的真正瑰宝。

作为建筑师的津端修一在林间设计了一栋红色屋顶的木质住宅。尽管已经90岁了,但他刻意保留了家里的台阶,为的是能够在生活中保持锻炼，家事也总是亲力亲为。他自己打年糕，骑自行车去寄东西，毫不费力地登上梯子摘核桃，为了沐浴阳光而将餐桌摆在窗边。英子也已87岁，有点驼背，每月会走5分钟，坐两站公交车，再花30分钟乘坐高铁去领丈夫的养老金，然后买些东西回家。

英子做饭总要放点酱油，因为丈夫爱吃；喜欢把餐桌往里放，因为远看院落更显层次感。津端修一喜欢日式早餐，英子喜欢西式早餐，所以英子每天准备两份早餐。津端修一偏爱木勺，英子喜欢金属勺，那就准备不同的餐具。他们有着不同的喜好，却彼此包容理解。

不干活的时候，津端修一就在他的小书房里给老朋友们写信，还给菜市场的卖鱼小伙子写信鼓励对方要好好经营。每封信上他都会画上自己和英子的插画，旁边写着"87+90=177"，这是两个人的年龄之和。

津端修一和英子在年轻的时候相遇、结婚，虽然没有举行婚礼，但爱情让他们相伴一生。共同的价值观，懂得欣赏彼此的闪光点，让他们得以在岁月的洗礼中拥抱取暖。英子从小就向往田园生活，津端修一的建筑主张以人为主、尊重自然，两人不谋而合。

年轻的时候，津端修一的月薪只有4万日元，他却想买一艘70万日元的帆船。为了给丈夫筹钱买船，英子当掉了自己所有的首饰，也当掉了娘家给自己买的多份保险，津端修一对此并不知情。尽管资金紧张，他们还是开着帆船，开始了海上的旅行。

长久的情感维系需要相互付出。津端修一承担了家里主要的经济来源和体力劳动；英子也会为了完成丈夫的心愿而卖掉自己的家当，每天打理庭院，用各种食材做出好吃的食物。即便两个人有不同的喜好，但都会彼此包容，这是他们的相似之处。

82

津端修一和英子在庭院里种了70种蔬菜和50种水果，完全可以自给自足。英子每天耐心地制作各种复杂的料理，还会精心地摆盘。从烤箱里拿出做好的布丁，两人一起分食，听到丈夫品尝布丁后对自己的夸赞，英子会流露出难以掩饰的喜悦。有些食物可饱胃，有些食物则会暖人心。他们的生活每天都是新的，老两口每天也都很用心地过，两人的相处真是甜蜜。

津端修一就算是工作上的事也会问英子的想法，而英子也是真的宠津端修一。津端修一吃红豆饭想要海苔，她就去给他烘；

自己吃土豆会腹胀，但因为津端修一喜欢，所以总做茶色系的土豆料理和可乐饼。英子总是记不住院子里植物的名称，于是，津端修一在木板上一个个刷上黄色的漆做好标记，挂满了院子。比如"甘夏蜜橘做橘皮果酱哟""报春花是春天喔"，还有一块樱桃树上的牌子写着"樱桃，英子"，名字下面还画着她。细心的津端修一还给经常飞到院子里来的小鸟专门做了一个水盆，小鸟常常成群结队地来这里小憩、梳洗羽毛，渐渐地也成了他们的家庭成员。

他们把自己的故事写了下来，出版了属于两个人的书，记录了生活中的感悟。在新书发布会上，津端修一羞涩地接受采访，他说："她对我而言，是最棒的女朋友。"尽管他们已经八九十岁，但他们永远都是在谈恋爱。他们把生活过成了诗，并享受着这份温暖。津端修一说："她在旁边和空气一样，不会让人不自在，感觉很不错。"

津端修一不是拿英子当空气一样看不见，而是觉得英子如同空气那样轻松舒适、不可或缺，又无处不在。最好的爱情，是在时间的沉淀中变成一种习惯，尽管没有了激情和热烈，但是只要对方在身边就会感到心安，这是一种细水长流的爱意。

两人生活拮据，没有存款和保险，只靠着津端修一的退休金生活。他们就是普通人，但他们的故事告诉我们：衰老并不可怕，有人陪你慢慢变老，是一件很美好的事。浓烈的爱变得如水般清淡，融入一粥一饭之间。闲时的几句笑语，忙时的互不打扰，在平淡中找到生活乐趣并细细品味，才能感受到爱情的绵长。

津端修一的执着和童趣，英子的温柔和支持，两个人相知相伴，度过了65年的婚姻生活。两位老人的生活方式让无数人感叹，如果我们试着揣摩两位老人的内心状态，也许能更好地理解爱情。

一年四季，景致万千。庭园栽植的上百种蔬果，经由英子的巧手成了道道佳肴，烹饪、缝纫、耕作，没有一样能难倒她。他们的家处处充满了细致与用心，印证了建筑大师科比意的名言——房子该是生活的藏宝盒。

津端修一和英子从未老去，两人的价值观从未因外界的影响而发生变化。如果能不媚世，按自己的意愿活着，坦然接受选择之后的结果，哪里都可以是桃源。

这个属于他们的世界没有大人，只有"长了皱纹的小孩"。

03

津端修一说："喜欢浪漫的地方吧，像南十字星，一定挤得水泄不通，所以我打算去的是南十字星旁边的小星星那里，烧成炭的遗骨就请人撒到南太平洋的海里。"

2015年6月的一个午后,津端修一离开了人世,是在除草之后午睡却一直没有醒来,走得很安详。英子一身黑衣为他送行,还告诉自己不要哭,今天不能哭。今生恩爱到白头,死后周游太平洋。这是他们的约定,死亡对于他们而言似乎已经没有那么恐怖。

在之后的日子里,英子独自生活,每天做的都是津端修一活着时她做的事,她用力地活成他仍旧在世的样子。英子照旧每天做两份饭,做津端修一爱吃的海苔饭端到他的照片前,她还守着她和津端修一的家,依旧打理得井井有条,直到追随津端修一远去。心怀热爱地继续生活,老去都是美好生命的一部分。影片最后告诉我们:"所谓爱情,就是时间累积,不紧不慢,一点一滴,孜孜不倦。"

我们该如何维系一生的感情呢?《人生果实》中的津端修一夫妇并没有万贯家财,也没有刻意地追求物质生活。就像英子所说,他们没有给后代留下任何钱财,但是他们给孙女留下了一片肥沃的土地。既然选择了一个值得深爱的人,就将日子好好地过下去吧。不畏将来,不念过去,全心全意地相爱,然后白头偕老。

津端修一和英子的爱情正是这样,彼此信任,不求回报地付出,不会朝三暮四,这才是爱情可以长久的真谛。如果可以,希望我们能注重心与心的沟通，找到一个有共同价值观的灵魂伴侣：有着共同的喜好，为彼此献出自己的时间和精力，为一段感情全情投入。

用心生活，把平淡的生活过得有趣而浪漫。充满诗意的生活才是夫妻感情最好的催化剂。

做到这样，才能像津端修一和英子那样，也才会像那首老歌唱的一样："我能想到最浪漫的事，就是和你一起慢慢变老。"

"段子手"的催泪模样

01

我一直以为我是在缺爱的家庭中长大的。我妈曾经把上小学的我放在了舅舅家,也曾经把上中学的我放在了二姨家,那个时候,我就是一个留守儿童。父母都在外地打工,只有假期的时候我才能见到他们,当我盼星星盼月亮地等到暑假或寒假,等来的却是妈妈的苛责。因为我不好好学习,三天打鱼两天晒网,妈妈就用别人家的孩子做对比,把我说得一无是处。在很长一段时间里,我都认为她不是一个好妈妈,甚至都不合格:没文化,不懂教育孩子,为了赚钱让我成了留守儿童,从小到大都没有说过一句夸我的话。

记得有一次我被评为"优秀团员",满心欢喜地把奖状拿给她看,她瞥了一眼说:"怎么不是'三好学生'?你看你表妹,一抽屉的奖状,这种'优秀团员'的奖状,班里一半人都能拿到吧。"

那次,我委屈得和她吵架,把奖状撕了。

临近高考,我在杂乱的书柜里找到了当年那张被我撕烂的奖状,用透明胶带粘着,无声地躺在那里。那段时间,我难得的拼命,每天晚上都会学到12点。她就在我旁边坐着,一会儿剥个橘子,一会儿端杯水,见我学得那么晚,有时会对我说:"量力而行,别累着了,快睡觉去吧。"

我很少听到她劝我别学习了,而不是别打游戏了。那些夜,我久久难眠。

02

上了大学,只有寒暑假才能回家。一次暑假回去,我每天都睡到中午12点才起床,吃过饭之后,接着回屋躺在床上玩手机。后来手机欠费了,找我妈要钱,她死活都不给我,这很出乎我的意料。和她争执了半天,最后她才向我妥协,不情愿地把钱递给了我。

之后我在房里听到她对我爸说:"不想给他交话费,其实就是不想让他天天待在屋里,想让他多出来陪着我们说说话。"我终于知道了一向想办法给我塞钱的妈妈为什么不给我交话费,忍不住抱着被角,不争气地哭了起来。

那个暑假里,我妈让我教她用QQ聊天,我教了她半天也教不会,自己又没耐心,就埋怨了她几句。看到我这样,她说:"年纪大了,实在玩不了,不学了。"我松了一口气,这件事就这样算了。

开学之后,有一段时间没和家里联系,有一次上课时感觉到手机震动,拿出来之后,看到妈妈通过QQ发来几个字:儿子,在干吗呢?

03

无意中看到了妈妈20岁出头时的照片,短头发,脸上满是笑容,我从未见过她如此青涩的模样。她曾经也像我现在这样年轻,对人生充满了好奇,对未来有各种各样的憧憬。那时的她应该不会想到,之后几十年,她在三合板厂、编织袋厂、电子厂里进出,为了生活背井离乡,在不同的城市尝尽生活的苦,日复一日,只感到身心俱疲,每一次的聚散离合都在她的脸上刻下一道道皱纹。

现在的她，后背没那么直，皮肤很粗糙，头发还白了，因为操劳，累出了一身的病。有一次，她正上着班，忽然感到后背一阵疼痛，直不起身来。回家躺在床上后便不能动，夜里疼得睡不着觉。医生说是中度腰椎间盘突出，不能劳累，但她在床上躺了一个月，没有完全恢复就又开始上班了。

我和爸都劝她在家里休息，可她的口气中是不容商量的倔强："我没事，身体早就好了。"

我对她说："别那么拼命挣钱了，挣了钱你又舍不得花，放在银行里干吗？"

她似笑非笑地看着我："我这辈子就是在给你打工，你就是我的老板，我把这辈子都投资给你了。有时候觉得自己坚持不下去了我就想想你，浑身就又来劲了。"我听得鼻子一酸，生怕控制不住眼泪，连忙转移话题。

爱总是说不出口，却融冰为水，流在心底。

04

高二那年，我因为成绩不好想学美术参加艺考，但艺考需要很大一笔开销，家里本就不宽裕，很难支持我学下去。我当时试探着问过她。她就问了我一句："学了好考大学吗？"

我说："好考。"

她扔给我一个字："学！"

上大学之后，我对自己所学专业的兴趣不大，对她说想从事写作这方面的工作。她也是就问了我一句："真的喜欢写吗？"

我说："喜欢。"

她又扔给我一个字："写！"

无论是学业、工作还是生活，我妈都让我在面临选择时自己做主，她常说自己没文化，什么都不懂，但都支持我。我说大学毕业之后要去大城市发展，我妈当时说："你去哪儿，我和你爸就去哪儿。房子不是家，我们一家三口在哪儿，哪儿才是家。"

大年初一，我赖在床上不肯起来，我爸说我不懂事，也不起来给他们拜年。我妈来房间里叫我，我躺在床上对她说："你别管我，我就是不起来。"她拿我没办法，气得掀起我的被子，硬要把我拽下来，一边拽一边说："管不了你，是吧！我今天非得揍你一顿！"我把被子抢回来，蒙着脸，躲在被窝里竟然笑出了声。真的很怀念被我妈管着的这种感觉。

05

从什么时候开始感觉妈妈老了呢？当我向她提出一个不合理的请求，准备好再次被她劈头盖脸痛骂一顿的时候，她却说"我听你的"；当我听见她逢人就吹儿子懂事、有出息，文章可以发表在杂志上；当我对她说以后挣大钱给她买东西，她却说"妈不想让你挣大钱，妈怕你累"；当我每次受到挫折打电话向她诉苦，她总是在电话那头内疚地说自己啥也不懂……

前段时间和她一起坐在沙发上看电视，她靠在我的肩上睡着了，我能清晰地嗅到那股母亲身上特有的味道。看着一米五五的她身体蜷缩着像一只小猫，粗糙的双脚，皮肤黝黑的双手，眼角堆成花的皱纹，斑白的头发，我不禁泪如泉涌。

时间都去哪儿了？长大竟然要付出这么沉重的代价。年少无知的时候，我以为实现梦想可以为他们带来幸福，回过头才发现，原来我就是他们一生最大的幸福。我拼尽全力也赶不上他们老去的速度，唯一能做的就是把他们留在身边，陪他们变老。

我的妈妈是个"段子手"，而且是最催泪的"段子手"。这些年，我无数次被母亲的一言一行所感动，也一次又一次被她所欺骗，"我不累""我不饿""我不喜欢""我不习惯"……我想自己以后再也不会上当了。

"女神"的叫法流行之后,经常有人问我我的"女神"是谁,我总会说:"这个世界上我从来没把谁视为'女神'。如果有,那就是我的母亲,我这辈子最爱的人。"

婚姻不仅仅有爱情

01

珍是我姐姐的好友,刚过30岁,体形微胖,不过听说珍28岁的时候瘦得像竹竿一样。那年,她爱上了一个人,家里死活不同意,嫌对方没文化,家境也不好,七大姑八大姨纷纷出马,苦口婆心地劝她放弃,然后家里所有人都被发动起来给她介绍对象。想要和对方私奔的珍被家人严加看管,珍甚至想过寻死,但她的妈妈却威胁要死在她前面。

珍妥协了,和那个男生分手之后,通过家人的介绍,她嫁给了阿容。阿容是个公务员,但不是珍喜欢的人。珍在嫁给阿容时,觉得自己这辈子彻底失去了爱情,在家闷了半个多月,整天以泪洗面。珍把一切的怨恨都发泄给了阿容,对他要么不理不睬,要么借机发火。

阿容是个好男人，珍每一次故意找碴儿刁难他，他都只是笑笑，把她的无理取闹当作女生的任性。慢慢地，珍不再换着法儿地拿阿容撒气，看着这个每天下班之后便赶回家为自己做饭、变着花样逗自己开心的男人，珍对他的态度好了很多。有一次两个人去逛街，珍穿着高跟鞋逛了大半天，脚痛得不想再走路。阿容注意到之后，半蹲在她面前笑着对她说："上来，我背你。"站在大街上的珍很不好意思，阿容伸手拉了她一把，她才羞答答地伸出手。

一年后，他们有了一个女儿，阿容回到家之后更忙了，除了照顾珍，还要照顾刚出生的孩子。阿容怕珍产后的营养跟不上，每天给她熬营养汤。珍从那时起，慢慢地胖了20多斤。阿容对珍的宠爱在朋友之间也是出了名的，大家都对两人羡慕不已。后来有人问珍，是否后悔嫁给阿容，如果再有一次机会会怎样选择。

珍当时说："如果可以再选择一次，或许我还会选择嫁给当时想要一起私奔的那个人，但我并不知道之后会过得怎样，至少现在的我是幸福的。我无法拒绝这样一个男人，下雨天的晚上会打着伞在路灯下一直等我回家，为了让我安心而紧紧地握住我的手，还会略带孩子气地把头埋在我胸口傻笑。他把自己的精力都用来在乎我的喜怒哀乐，他非常爱我，比任何人都在乎我。和他在一起的感觉不同于和之前交往的人，虽然没有心跳加速的感觉，但可以感受到细水长流的温暖。那是一种这个世界除了我谁也不能欺负他的占有欲，一种想要一直这样走下去的安心。"

02

一天，我爸聊起了以前的生活，尤其是和我妈结婚的事情。父辈们都是遵循媒妁之言结的婚，有的人甚至夸张到结婚前双方都没见过面，这在我们的认知里是难以置信的。我感叹那时的婚姻肯定不会幸福，没有朦胧的情愫、醉人的情歌、情郎的追求。

我问我爸："你爱过谁吗？"

当着我妈的面，他说："爱过你妈啊！"

我从未听过一向要面子的爸爸说出这样的话，忍不住笑了，却笑出了泪。一直以为他们的婚姻仅仅是靠传统和习惯来维系，看来是我错了。爸爸是个退伍军人，一向羞于表达情感，包括对妈妈和我。他和妈妈之间的感情是超越爱情的，没有激烈到刺激每一根神经，却更加绵长。这种感情没有缘由，不被世俗所束缚，只是知道和对方在一起就对了。

仔细想想，虽然家庭条件一般，百事缠身，但很少看到父母吵架，我还打趣地问过妈妈为什么这么多年都没见过两人吵架。她当时对我说："吵架气的是自己人，摔东西再买也是花自己的钱，两个人在一起也就短短的几十年，什么事过不去。"我笑着说这是她这么多年说的最有哲理的一句话。

我们为什么结婚？为了陪伴，为了相互扶持，为了爱情，也为了爱情之后的亲情。

03

曾经有则"史上最快离婚"的新闻，男生和女生网恋打得火热，相约见面后更是感觉自己无法自拔地爱上了对方。情投意合的两个人匆匆去登记结婚，领完证之后拍摄婚纱照的时候，两个人发生了争执。男生觉得既然结婚就要好好过日子，不能在婚纱照上花很多钱，但女生认为结婚是终身大事，必须十二分认真。结果谁也不让谁，最后两人选择了回到民政局离婚，从领证到离婚不到半个小时。

不是所有爱情都意味着妥协和理解，也不是所有沉浸在爱情甜蜜中的人都没有矛盾和冲突。我们都见过很多因为爱情步入婚姻的情侣，信誓旦旦地要相守一生，却仍然在柴米油盐的小事上争吵不断。婚姻家庭中，有的人觉得挣钱就要花，有的人觉得要节制消费；有的人觉得孝顺就是多陪伴父母，有的人觉得给父母买东西才叫孝顺；有的人觉得安逸稳定才是生活，有的人觉得自由闯荡才能幸福。

两个有着相似的追求和生活方式的人在一起，才会感到舒适和融洽。观念的不同会制造矛盾，品行有差异会导致对伴侣的背叛。婚姻不仅仅有爱情，还有两个人性格、人品、观念、经济条件的选择。我经常在各类文章中看到这样的说法——先有爱情才能有婚姻，但那些因为各种原因没有得到爱情的人呢？

生活不是处处都能让人得偿所愿，至少，我们仍然愿意相信爱情。

84

据说，我们每个人一生遇到的人数大概是2920万，而两个人相爱的概率是0.000049%。虽然我不相信这组数字，但是我们能够遇到真爱并且走向婚姻的可能性确实很低。我希望每一位姑娘都能嫁给爱情，但生活总是不尽如人意，电影里的浪漫不是每个人都能拥有的，生活有生活的无奈，太多的人并不是因为爱情选择了婚姻。如果你没能嫁给爱情，但愿你能够遇到对的人。

我们的生活不是只有爱情，但爱情的确很重要，基于爱情的婚姻会很幸福。希望你可以嫁给一个疼爱你，呵护你，视你如珍宝的男人；嫁给一个三观相似，有着共同志趣的男人；嫁给一个愿意逗你笑，陪你到老的男人；嫁给一个准备用一生让你幸福的男人。婚姻的至美在于两个人的彼此慰藉，彼此滋养，不分你我，相濡以沫。有一种感情，历久弥深，在漫漫时光中愈加深沉，安然处之，细水长流，不离不弃，至死方休。

任何时候，不要太"作"

01

走在路上，偶尔会看到情侣在街上吵架的场景。我最近看到的一次是女生气势汹汹地责骂对方，但一边大声喊叫一边在哭，而男生虽然有试图辩解的意思，但几次开口都说不出话来。我在路过的时候听到女生说："我是因为在乎你才管你，你见我管过张三李四吗？我为了你……"之后两人又说了什么我就不知道了，但我看到男生转身想走，女生的气势一下子就消失了，抓住男生的手臂不让他走。

女生对男生说的话，不止一次成为影视剧的台词，在生活中也常常可以听到。而这样的场景我也遇到过多次，不禁想起另一个故事。

02

小Q是我的学姐,性格恬静,不太愿意说话。她的初恋男友是个身高一米八的帅哥。小Q和他是邻居,很早就认识,但没怎么说过话,小Q一直默默地喜欢着对方,为他喜悦,为他忧伤,乐此不疲。她会在周末的午后,打开窗户弹吉他,想让那个男生注意到她正在自弹自唱;她也会把头发弄成自己最满意的样子,换上裙子,看到男生骑着单车出门的时候跑过去,然后再优雅地从他身边走过。

恰好两个人的妈妈是朋友,小Q的妈妈经常去男生家玩。她终于鼓起勇气开始以找她妈妈的名义在喜欢的男生家里出入。终于,两个人说上话了,关系越来越好了,再然后,他们恋爱了。

我无法准确地形容小Q当时的心情,我只知道她愿意为那个男生付出一切,用尽全力地喜欢着对方。她会把自己的寿司偷偷地通过窗子用竹竿给他送过去;攒下零花钱赶在节日前给他买一双名牌运动鞋;和朋友聊天时,总是不由自主地提到他的名字。

渐渐地,她会因为约会时的迟到对他发脾气,因为担心对方不在乎自己而慌张,她渐渐发觉自己一刻也不能离开对方,男生的名字整日占据着她的整个脑海。两个人不在一所大学,但他们总是会挤出时间见面。小Q经常会在想他的时候给他发消息,一旦没有收到回复,她就会焦躁不安,然后直接打电话过去,不管是白天还是深夜。

小Q曾经因为想要见他而直接跑到对方的学校,却看到他和别的女生聊天说笑。在那之后,男朋友说的每句话和做的每个动作,她都要细细斟酌,总害怕包含着不在乎自己的意思,总担心会失去他。

她开始患得患失,脑海里总是反复咀嚼他的每一句话,揣测他的心思,弄得自己焦虑不已,每天晚上都难以入睡。她开始动不动就对男朋友发脾气,男生完全不知道发生了什么,只是不停地道歉,但并不知道自己哪里做错了。

小Q变本加厉,开始让男朋友写只爱她一个人的保证书,并且要求他删掉了微信里所有的异性朋友,她需要用这样的方式来保护自己不堪一击的安全感。她被自己的占有欲和嫉妒心蒙蔽了,想要限制对方的自由,矛盾就这样酝酿着,像天空中的越来越多的乌云。

03

他们最后一次吵架的时候,一向温柔的小Q像一头受伤的野兽一样扑向对方,紧紧抓着他的胳膊,激动地咆哮:"我是那么爱你！为了你，我做什么都可以，我做的一切都是因为在乎你！"

男朋友只是冷冷地说："我受够了你的无理取闹。"小Q看着面无表情的男朋友，他的眼神里全是冷漠，不再有半点爱意，一切都无法挽回了，这才是最令人痛心的。小Q蹲在地上抱头痛哭，嘴里呢喃着："为什么……我是那么爱你……"

小Q不知道自己的爱为什么会落得如此下场，她所有的时间、精力都留给了他，对未来的幻想都和自己深爱的人紧密相关，她已经卑微到尘埃里，却换来对方决绝地离开。爱过之后便是恨，小Q的心里充满了恨意，希望对方后悔这一切。她的男朋友不会明白，为什么恬静温柔的女孩会变得歇斯底里、不可理喻。

我可以理解偶尔"作"一下，但不要把自己的"作"变成无理取闹，没有人愿意把"作"当成家常便饭。自己给的安全感才最踏实，寄托在任何人身上你都会反复去验证，然后变成恶性循环，伤害彼此的感情。

不要把对方的在乎当成自己可以理所应当去试探的资本，耍脾气、不断测试对方、想掌握控制权，这些都是在折磨对方和自己，会让感情充满不信任感和束缚感。只有让双方都舒服的感情才真正可靠，才能长久。

爱情当然可以敌得过时间

01

　　有人问过我最难以接受的分手理由是什么，我的回答是"没感觉了"。两个人刚开始谈恋爱时都充满着澎湃的激情，但这激情会随着时间的流逝慢慢归于平淡。有的人三分钟热度之后就把对方抛之脑后，又去寻找新的刺激，这样的人只能算是爱情中的巨婴。

　　你身边是否有过这样的情况？两个人好不容易相遇、相知、相爱，开始享受甜蜜的爱情。开始的时候，两个人只想时时刻刻赖在对方的身边，一通电话可以讲上一个通宵，但过了一段时间之后，最初的激情褪去，两人不再像刚开始那样上心，慢慢地，感情越来越淡，最终不欢而散。我们的生活节奏日益加快，爱情也变得来去匆匆，很多人一边在心里羡慕着可以长久在一起的情侣，一边选择了快餐式的恋爱。是不是我们已经丧失了爱一个人的能力？

爱一个人是一种能力，需要我们长远地经营一段关系，而不仅仅是追求一时的兴奋和刺激。在爱情里，需要考虑彼此的将来，一个成熟的人开始一段恋情是需要考虑很多因素的。很多人恋爱经验很丰富，但并没有认真地想过自己需要的是什么样的伴侣，或许更多的是不想一个人待着吧。如果两个人因为新鲜感而在一起，随着新鲜感越来越淡，分手就成了必然。

82

两个人长久地发展一定是需要规划未来的，判断一个人是否真的在乎你，就看他规划的未来里是否有你。去同一座城市发展，一起攒钱买房，也许几年之后就结婚，在家里养一条狗……这些计划就是两个人共同目标的体现。有了目标，才能看得见未来，才能向前发展。

从前车马很慢，书信很远，一生只够爱一人。从认识一个人，到了解，再到熟悉，最终走向爱情是一个过程，爱情最美好的时候是朦胧期，两个人互生好感但谁也没有表露，互相猜测和探寻，对方的一个眼神或是一句话就能掀起内心的惊涛骇浪。就像是两个人之间有一层纱,想要更近,却又踟蹰不前。

不是每个人的爱情都是轰轰烈烈的,更多的时候,爱情是细水长流的,在相处中更了解彼此,爱情可以持续,才谈得上保持新鲜感。两个人越来越熟悉,新鲜感也越来越重要,节日、纪念日送个礼物,计划一次旅行,偶尔制造一些惊喜和浪漫……这些都会让日常的生活变得有生气一点。

一辈子很长,要和有趣的人在一起——虽然我并不相信这个世界上有无趣的人,那些无趣的人也许只是在面对你的时候,才表现出自己的无趣,想让你离他远一点罢了。在爱情里,用心去对待喜欢的那个人是很重要的。所有的感情都需要经营,时不时地为喜欢的人做一些甜蜜的事情,带给对方欣喜和感动。

有了这些心意和浪漫其实还不够,彼此还要有一些共同的兴趣,比如两个人都喜欢旅行,那么一起计划、做攻略、打点准备的整个过程才更有意思。两个人同频共振才会更合拍,两个人有话聊很重要,笑点一样也很重要,喜欢的事情是否一致更重要。只有这样,才可以抵挡时间流逝带来的枯燥,才可以发现生活里那些值得铭记的小美好。

一起体验蹦极,一起尝试跳伞,一起拍摄视频记录日常,一起逛家居店为两个人的小家添置物件,一起骑行去郊游,一起读一本书，一起去露营，一起品尝各地美食，一起学一项技能，一起打游戏，一起养花，一起健身……相爱的过程就是从一个人玩到两个人撒欢。保持爱情的新鲜感需要在平淡的生活里制造一些惊喜，两个人一起尝试新事物，拥有共同的经历，可以更了解彼此的内心，让亲密关系变得独一无二。

03

两个人陷入爱河，真正的原因是双方在某种程度上满足了对方的需求。爱情的需求包括身体的、精神的满足和寄托，缺一不可。如果只是因为长得好看而选择在一起，可能遇到更好看的人就分手了，而精神寄托却不会，没有人完全没有寄托，相爱的两个人成为彼此的精神寄托才能让爱永恒。

很多人强调不要过度依赖伴侣，只是不要过度，伴侣之间不可能完全独立，而是需要达成一种互相寄托和依赖的关系，一种相依为命的状态，这样爱情才能不断地迸发生机。除此之外，有一点需要格外强调的是，恋爱切忌用力过猛。

人生而不同，无须因为爱情就违背自我，你喜欢的是那个人本身，而不是自己想象中的对方，不要试图按照自己的意愿去改变自己的伴侣以顺从自己的想象,要懂得尊重彼此的生活方式和意愿。即便两个人在一起,每个人仍然是独立的个体,需要有自己的时间和空间,要给彼此应有的自由。爱情不是生活的全部,有的人谈恋爱会疏远身边所有的朋友,把自己全部的时间和精力都放在对方身上,这会让自己很累,也会让对方感到有压力,而这段感情也会因为这样变得不再纯粹。

即便是爱情,也需要我们用平常心对待,不要用力过猛,别因为爱情而放弃身边所有的人和事。爱情总会变成我们平凡生活中的长流细水,也因为这样,那些生活里的小惊喜和小浪漫才让我们觉得美好又值得铭记。

我们终于"老"得可以谈谈爱情

01

"于千万人之中遇见你所要遇见的人,于千万年之中,时间的无涯的荒野里,没有早一步,也没有晚一步,刚巧赶上了,那也没有别的话可说,惟有轻轻的问一声:'噢,你也在这里吗?'"张爱玲如是说。"我将于茫茫人海中访我唯一灵魂之伴侣,得之,我幸;不得,我命,如此而已。"徐志摩这样说。

爱情是可遇而不可求的,容不得马虎,我们之所以单身是为了升华自己的灵魂,以更好的自己遇见终身伴侣。

02

如今有种潮流,大学里不谈恋爱似乎成了一件让人感到羞耻的事情,单身的人也被称为"单身狗"。以前我对爱情的理解是,得到了，浑身每一个毛孔都跟着畅快，得不到时感觉快要窒息、痛彻心扉。当我看到大学里有些学生一个学期换三个对象，每一次分手都若无其事的样子，我的爱情观受到了冲击。

我的同学小西是个样貌姣好的农村姑娘，她是这种风气中逆流而行的单纯者。她在一次网聊中认识了一位学长，学长的温柔和百般呵护让她的心荡漾起一层又一层的涟漪。

他们见面之后就恋爱了。那个学长的长相一般，但小西不在乎，在我们班男生一阵"鲜花插在牛粪上"的呼声中，小西发表了爱的宣言——"他对我好就够了"。小西很爱他，胜过爱自己，恨不能时时刻刻都和他在一起，即便和同学在一起，也总是把他的名字挂在嘴边。她会攒好长时间的钱给他买一块手表，不上课的时候会自己动手给他织毛衣，她的情绪会因为对方的一句话、一个表情而起伏不定。她把自己能给的一切都给了对方。但是好景不长，那位学长毕业了，最后只留给小西一条分手的短信，从此再无任何消息，仿佛从人间蒸发了一样。

收到短信的那天，小西蹲在地上哭到声音沙哑，那些曾经对未来的期盼和无法自拔的深爱在痛哭中一起被彻底摧毁了。有人安慰小西吃一堑长一智，就当对方是给刚刚步入大学的她上了第一课，以后再遇到这种男生要小心。这样的话对当时的小西能起到什么作用呢？也许时间可以慢慢让小西忘掉这段不堪的经历吧。

对于小西的学长而言，在这段爱情的一开始，他就不是真诚的。他要的也不是爱情，只是找一个人谈恋爱，打发自己在大学的最后一段时光，这个人不是唯一，谁都可以。在我们的生活中，这种人并不少见，但也有很多像小西这样的人。

我很害怕他们因为遇到学长这样的人，有过这样的感情经历，变得不再相信爱情，不再相信自己值得生活赐予的美好，即使有一天有一个对的人出现，也会因为曾经的阴影不敢再伸出双手，或是张开怀抱。我更害怕他们会因为此前的种种而堕落，开始变成伤害过自己的那种人，到处伤害别人。爱情很多时候只会降临在仍然相信爱情的人身上。

03

还有一种人，他们觉得上大学时不谈一场恋爱就是虚度青春，把大学当作自己的情感锻炼场，随便找个稍有好感的人就开始一段不认真的感情。这是不尊重对方的，于自己而言也是廉价的。

大多数人会认为爱情在人生中是重要的，尤其是年轻的时候。其实在大学里，你不是必须要谈一场恋爱，那个对的人没有那么容易遇见。而在这之前，你可以让自己变得足够好，等到某一天，那个人出现在你的面前，见到的已经是最好的你，这难道不好吗?

我们看过那么多动人的爱情故事，有真实发生过的，也有作家用心虚构出来的，我们感慨那些人拥有的美好爱情，但往往忽视了他们的思想和才华。让我们羡慕的那些爱情是双方灵魂的交融，而不是只有生活的庸常。

我们好像都没有那么幸运，可以在对的时间遇见对的人，然后携手度过余生。但这不意味着我们就要放弃对美好的期盼和追求。在没有遇见那个可以付出一生的人之前，让自己变得更好一点吧。无论什么时候，都要有求知欲和好奇心，对知识敬畏，开阔自己的眼界，提升自己的阅历，培养几个可以终身受益的爱好。你可以陶冶自己的情操，可以提升自己的气质，也许会因此交到很多志同道合的朋友。当你有了自己的生活和见解，你就拥有了独立的灵魂，而这也意味着你是一个有吸引力的人了。

在山水之中感受各地的风情与浪漫，在书中读一读人间百态，大千世界还有无数的神奇和魅力等待你去发现。当你见过了这世界的种种，就更能认识真正的自己。而在某一个特殊的时刻，你遇到了那个让你觉得可以携手度过余生的人，那是语言和文字无法形容的美好。希望你会如此幸运，我也相信你会如此幸运。

如果一个人爱的是你的容颜，当你青春不再，对方可能会移情别恋；如果一个人爱的是你无可替代的灵魂，那才是最真挚的爱情。那样的你，配得上任何人，你曾期盼的爱情会悄然来到你身边，然后你笑了，如阳光般灿烂，也如阳光般温暖。

无论是爱情还是婚姻，精神层面的"门当户对"都至关重要。人和人之间的差异就体现在思想上，每个人都在寻觅张爱玲口中所要遇见的人和徐志摩笔下的灵魂伴侣，但在那之前，从容地度过生命中的那段时间，等待那个最值得的人来到你身边。

Chapter 5

第五章
我所理解的生活

关于故乡，
你还记得什么？

01

　　故乡的老房子，是我很小的时候住过的地方，也是姥爷一家生活的地方。房子很旧，下雨时会漏雨，修了几回也没能完全修好。院子里有几棵梧桐树，一到夏天，花开满树，树干如苍龙般有力地向天空伸展，枝叶染绿了半边天空，我小时候会和大人们一起在树下纳凉。墙边有一棵枯了多年的树，黝黑而笔直，我叫不出树的名字，只记得当时在树上拴了一条叫虎子的大狼狗，很凶，看见人就吠。

　　姥爷一家就住在老房子里，姥姥在我妈妈3岁的时候就去世了，妈妈嫁出去了，舅舅和舅妈外出打工，只剩姥爷一个人在这里生活。70多岁的人还坚持种几口人的地，只为了攒钱重修老房子，想让儿孙过得更好一点。姥爷孤单了一辈子，我小时候常看到他一个人坐在大门口的石头上抽烟，一坐就是小半天，他常抬头望着远处，可能是在回忆自己的往事吧。我当然没办法体会老人的孤独，只听人说，人老了，心就空了，特别需要有个人陪在身边，一起说说话。

长大一点之后，我被父母带到了温州，他们都很忙，就把姥爷从家乡接来陪我，也为了让他不再那么孤单。姥爷每天都会骑着一辆旧自行车送我上学，路途中会捡些塑料瓶，攒在一块卖掉，用卖来的零钱给我买些玩具和零食。

那个时候，我并没有因为得到零食和玩具而感到特别高兴，我只觉得捡破烂很丢人，放学的时候总是让他远远地等我，怕被同学看见。有一次我和他赌气，把他捡来的一麻袋瓶子扔掉了。那次他打了我，我在后面一边哭一边看着他费了好大劲儿把散落的瓶子都捡了回来。我经常"欺负"他，他却常常顺着我，那些卖废品换的钱还给我带来了各种碟片，《哆啦A梦》《奥特曼》《铁甲小宝》……都是我童年里最重要的记忆。

温州当地的民居很好看，姥爷很喜欢，一直说回家之后也要将房子改成那样。我们当时住的房子外是大片的竹林，竹林旁边是一片水塘，水塘旁边是一望无际的稻田，稻田里有耕种的水牛。我每天和同伴们在竹林里捉虫子，让它们在一起"打架"，玩得不亦乐乎。到了晚上，我必须听姥爷讲故事才能睡觉，因为自己一个人睡觉会特别害怕。夏天晚上，我躺在床上，窗外有知了的鸣叫声，风吹动树叶的沙沙声，姥爷坐在床头讲着那些故事，小白兔、小猴子、小山羊、三国、隋唐……

姥爷不认识几个字，却知道很多故事，我听着故事，慢慢进入梦乡。有的时候姥爷没注意到，还在继续讲，很长时间听不到我吱声，才会轻手轻脚地去睡觉。月光皎洁，穿过云层，照着姥爷，印入我的心房。

孩童时期像梦一般，朦胧的记忆定格了那些画面，以至于在后来的十几年里，每当我失眠、情绪低落，对生活充满恐惧时，我都会闭上眼睛，想象着森林里的那些小动物和姥爷的故事。每每如此，我才有被治愈的感觉，才可以不再害怕当下和未来。

02

三年级的时候，爸妈把我送到微山，住在二姨家，姥爷也一起。他买了辆旧三轮车，卖些水果、青菜，每天都会带一些回来。吃饭的时候，姥爷会自己到一个人的小饭桌上——怕我们嫌他脏，以前在家里来客人时也是这样。看到姥爷这样，我感到一种难以名状的心酸。

姥爷仍然改不了捡瓶子的习惯，每次回家总能带回来一大包空瓶子。二姨是个很要面子的人，我曾经见她因为这件事指责过姥爷。看到姥爷像个孩子一样不知所措的模样，我很生气，但又什么都做不了。

姥爷很少发脾气，即使受了些委屈也从不计较。他住在二姨家时，家里有时会因为生活习惯发生一些争吵。有一次吃饭的时候，姥爷说想把三轮车卖了，然后回到家乡的老房子，二姨同意了。

姥爷走的时候，我去送他，我很舍不得姥爷离开，但是大人的世界我没有话语权。姥爷浑浊的眼中带着不舍和无奈，交代了我几句，转身背起行李就走了。我在后面看着他佝偻的背，影子拉得越来越长。

03

之前，我跟着二姨开车回老家帮姥爷栽蒜。车开到了熟悉的小路，远远便看到了姥爷陌生又熟悉的身影，他的头发花白了，腰更弯了，骨瘦如柴的身体显得衣服很肥大。看到这一幕，我的心在剧烈地颤抖。

下了车，姥爷催着我们赶快去吃饭，他已经提前弄好了一只鸡。我没有走得很快，一边走一边仔细地看这幢老房子。还和原来差不多，但院子里的几棵梧桐树已经不见了，只有被风吹进院子里的残枝红叶，如火似焰，燃烧岁月。姥爷没能重修老房子，舅舅说明年修，而现在，老房子还在，不古朴，但很沧桑。几十年来，它饱经风雨，保存着记忆，又好像流尽了有关岁月的忧伤。

在农田边，我拍了一张姥爷干活的照片，他瘦小的身体，如同一头瘦弱的老牛拉着沉重的犁，慢慢地向前走。看着此景，心里的痛楚在反复拉扯我，我转过身，闭上了眼睛。

临走时，我带着不舍同姥爷告别。车子开动后，我回头望着老房子生锈的铁门，褪色的红瓦，还看到了姥爷在车后，站了好久。

04

我是从表哥那里得知姥爷去世的消息的，是脑溢血，早晨起床的时候摔了。得到消息的我在电脑前愣住了，脑中不断地浮现姥爷脸上的皱纹和瘦弱的身影，往事一幕幕闯进脑海，在妈妈的哭泣声中，我感到窒息般的痛。

我感叹生命无常，回想姥爷的一生，他是真的受了一辈子罪：

12岁的时候失去了父亲,姥姥在妈妈3岁的时候也去世了,一个人种地养活子女,撑起一个家。

如今,老房子终于翻新了,院子里是水泥地,屋子宽敞明亮,可姥爷却不在了。

怒马鲜衣少年时

01

小时候，我一个人在大院里绕圈，不知疲累。嘴里不停地哼着《鲁冰花》："天上的星星不说话，地上的娃娃想妈妈……"那个时候，没人懂我，现在也是。每一个仰望星空的孩子心里都埋藏着一个不能说给人听的秘密，那是关于梦想、关于将来的秘密。

我不止一次地变换自己的梦想，上小学的时候希望将来当一名老师，高中的时候想当日语翻译家，后来想当心理学家，再后来想成为一名设计师，现在又有了一个作家梦。我不停地变换着选择，并在选择中陷入纠结，这也是一种迷茫。我没能一直坚持一个梦想，梦想就像夜空中的星，我不停地寻找，只为找到我认为最闪耀的那颗。

　　我承认自己是一个与人群格格不入的人，我喜欢独处，喜欢安静地思考，有自己的想法和追求。孤僻的人都是孤独的，就像我一样，可我们是可以享受孤独，并在孤独中升华自己的灵魂的。

　　我不是在父母身边长大的，在相当长的时间里我都认为这样的成长经历给我带来了心理阴影。每当我回忆童年的时候，都会难过得无以复加。慢慢地，我开始习惯与孤独相处，排解孤独的办法就是憧憬未来，我想去更广阔的世界见识一番，想让那些轻视过我的人对我刮目相看，想着某一天会和我的偶像同桌吃饭。

82

　　小时候的我生性孤傲，无法忍受被不公地对待，对很多事都耿耿于怀，但凡遇到半点委屈，我心里都会激起惊涛骇浪。长大后再去回想，那个时候也不全是这样的记忆，我并没有想到多年之后才会意识到，我在那些年里感受到的幸福是远远多于那些难过的。我开始后悔了，后悔自己竟然以我没察觉到的速度长大了。是啊，小时候真傻，居然盼着长大。

在我20岁那年，我突然发现另外一件重要的事，就是于我而言钱开始变得特别重要。那些傲慢的嘴脸和瞧不起人的表情开始让我觉得有一点窒息，在这一年，我开始想要改变，我想要变得强大起来。

人没有梦想，和咸鱼有什么区别？我问过身边的朋友关于他们的梦想，很多人都支支吾吾地说不上来，有的人还会嘲笑我一番。看到他们这样，我不再问别人的梦想了，我也不会对任何人说我的梦想是什么。

我希望自己能成为作家。我从小就喜欢写东西，虽然我看过的书还不能说多，虽然高考时的作文得分并不高。我很喜欢思考，有很多稀奇古怪的想法，也希望能把这些想法都写下来。我总有一种预感，在某一天的清晨，我会收到某个出版社独具慧眼的编辑邀请我写书的消息。同时，我也坚持着我的艺术设计，那是我所热爱的另一件事。而且，写作和设计有相似点，都需要日常积累和瞬间的灵感。我始终相信，未来的某一天，我的梦想会以我喜欢的方式实现。

不甘平庸，是因为平庸过。我的个子不高，也不愿意说话，从来都不是一群人中最夺人眼球的那个，而是亲戚朋友眼中能被预料到结局的那种人。在当时，我也觉得自己好像真的一无是处。

我该怎么评价自己呢？自卑和自傲同时存在于我的身上，有时候会觉得所有人都比我强，有时候会觉得没有人可以比得上我。当班级里成绩优异的同学受到表扬时，我可能会觉得学习好并没有什么了不起；当同学说"×××将来肯定前途无量"时，我会说"没人比谁了不起，要崇拜就崇拜自己"这样的话。抛掉年少的意气，我仍认为我们不需要崇拜谁，每个人都有自己独一无二的闪光点。我不甘平庸，这是我内心最真实的声音。

83

人长大的速度是很快的，长大之后迈向衰老的速度也很快。每次回家，看见父母日渐变老的面容，我都会心里发酸。我暗下决心，父母已经苦了那么多年，我不能让他们苦一辈子。

时间流逝，我跨过了青春，变成了一个成熟的人，在每个日夜里追寻前进的方向。每个人都不能留在过去，每个人都终究要长大，长大了，就要面对长大后需要面对的事。我承认自己是矛盾的，不想长大，但又要接受这个现实。长大了，梦想的根在心里也越发牢固。

闭上眼睛，脑海中浮现出一条正在流淌的小溪，左岸是我未曾忘却的回忆,右岸是我无法预测的未来,而我好似一叶浮萍,摇摇晃晃地顺着溪水向前流走。等待我的将是怎样的未来?

希望每一个仰望星空的孩子,在长大后的某一天都能够美梦成真。

生活明朗，万物可爱

01

　　清代著名诗人袁枚，少有才名，擅写诗文。他20多岁就高中进士，历任溧水、江宁等县知县。他为官期间清廉勤政，颇有声望，但一连数年都只是个县令。仕途不顺，加之父亲去世，袁枚选择了辞官奉养母亲。当他发现自己不想再继续为官时，他毅然决然地选择了追求自己喜欢的生活。辞官前，他在南京买了个园子，名为随园。买来的园子杂草丛生，袁枚的积蓄都用在了整修这座园子上。

　　辞官后的袁枚成了一名自由职业者，没有了俸禄，他开启了自己的生财之路：花钱整修随园后，将里面的土地租出去，赚取一笔房租；靠写东西赚钱，袁枚是当时的才子"网红"，追随者众多，他的《随园食单》和《随园诗话》在当时是绝对的畅销书；横溢的才华不授予人实在可惜，他便开设私塾，而且招收了很多女弟子。袁枚的生活优哉游哉，随园四周不设墙，人人都可以来免费参观，在那个时代，随园是大家心中的"打卡圣地"。袁枚更在门联上写道："放鹤去寻山鸟客，任人来看四时花。"

也因此，袁枚的声望越来越高，影响力越来越大。他游山玩水，在随园里种花养鸟、吟诗作赋，还钟情于美食，他所写的《随园食单》就是一部文艺食谱，记录了人间美食。袁枚特立独行，他做的很多事情在当时看来都是另类的：他开设的私塾招收女学生，并且女学生数量很多；推动女子文学的发展；主张自由恋爱，反对包办婚姻；主张女子改嫁。在伦理纲常盛行的年代，他的这些行为受到了守旧之人的指责和唾弃，他被称为"倡魔道妖言，以溃诗教之防"。可袁枚从不在意别人怎么说，一直随性而活。

袁枚全然不把封建礼教放在眼里，在一心只读圣贤书的年代，他的行为显得放浪形骸。年近古稀之时，袁枚依旧自在独行，他用了十几年周游全国，从黄山、庐山，再到岭南。他拖着年迈的身躯，累的时候放松一下老胳膊老腿儿，沏一杯茶，吟道："且倚松身当床卧，更折松枝把苔扫。"

袁枚一生放荡不羁爱自由，就如同他给自己的园林起名叫"随园"一样，随性是他的生活信条。我们现在来看，他的思想是超前了他所处的时代的，而正是这种生活态度才让他如此超前又可爱。

好看的皮囊千篇一律，有趣的灵魂万里挑一。用今天的话来说，袁枚有着有趣的灵魂，爱生活、爱自己、爱文艺、爱山水，不随波逐流，不遗世却独立。后人仍然记得并喜欢这位诗人，不只是因为他的诗词，还因为他的真性情和面对人生的态度：即使自己与主流社会格格不入，也依旧活得不拘一格。

82

读到这里，想必你还能想起一个人，一样的才华横溢，一样的随性洒脱，一样的"好吃"，那就是一代文豪苏东坡。苏东坡一生坎坷，仕途不顺，然而，我们总能从流传下来的诗词和故事里感受到他的乐观与豁达。

苏东坡的一生经历数次被贬，而他的"吃货之旅"也正是在被贬官的时候。在黄州，他发明了东坡肉；在海南，他狂吃生蚝；在惠州，他"发明"了羊蝎子。面对生活疾苦，苏东坡的信条就是吃饱喝足，人生美好！

苏东坡"吃"时也在思考和悟道，他在《浣溪沙·细雨斜风作晓寒》中写道:"雪沫乳花浮午盏,蓼茸蒿笋试春盘。人间有味是清欢。"沏上一杯乳白色的好茶,伴着一盘新鲜的山间野菜,人生在世,最有味道的不过是这一份清淡的欢愉。这是苏东坡历经世事之后悟出的生活哲理,是一种"看山还是山"的思想境界。回归自然,大道至简。他先悟到了"清",才感受到了"欢",因清而欢,因为至简清淡,对欲望、苦难、荣耀释怀,才感受到了人生的欢愉和明朗。

在经历"乌台诗案"后,苏东坡被贬黄州。虽有官职但无俸禄,过得贫困潦倒,于是他开始了自己的农耕生活,耕田、播种,与其他种田为生的农民一起生活。无论在哪里,苏东坡都能发现生活中的乐趣,甚至会跑到田间、河畔、山野、集市,追着农民、樵夫、商贩谈天说笑。

为了养家糊口,苏东坡要去沙湖购买一块属于自己的田地。途中遇上了倾盆大雨,人们都纷纷躲避,同行的人都被淋得好狼狈,而苏东坡却不闪躲,从容淡定。天气转晴,他已被淋成了落汤鸡,于是就有了那阕《定风波·莫听穿林打叶声》:

莫听穿林打叶声,何妨吟啸且徐行。竹杖芒鞋轻胜马,谁怕?一蓑烟雨任平生。

料峭春风吹酒醒,微冷,山头斜照却相迎。回首向来萧瑟处,归去,也无风雨也无晴。

世事沧桑,草木变化,人生的风风雨雨,回头望去,一切都无所谓了。在逆境中,他懂得享受平凡的生活,始终能将贫困的生活过得怡然自得、逍遥自在。即便是失意时的苏东坡也被很多人视为偶像。

83

无数人喜爱袁枚或苏东坡这样的人,有点像现在的追星,而追星其实也是在追自己,在找一个可以成为自己的精神榜样的人。我们追随他们,实际上是在追随内心的渴求,追自己的影子。他们率真,听从内心的声音,自得其乐,大风大浪也一笑视之。

我想,不论身处何方、处境如何,都应在生活中找寻乐趣,构建起我们的精神世界。在袁枚、苏东坡他们的眼中,生活明朗,万物可爱。人生短暂,何不旷达?将日常的生活过得有趣自在,才算是不枉此生吧。

从来如此，便对吗？

01

　　大家习惯按已有的经验做事，认为这是一种稳妥的做法。人类千百年来的经验变成了文明和智慧，人们遵循祖辈留下的规矩或者依据自己的经历和见识来生活，但那些经验、规矩并不全是正确的。

　　历史上，如果有人没有遵循大多数人的规矩，或是有自己的观点和看法，那么这种人是会被群体排斥的，甚至会被妖魔化。在西方，也正是因为这样的原因，布鲁诺、图灵等伟大的思想家、科学家、数学家们惨遭迫害。

　　人性中有一种深层的劣根性，就是党同伐异。所有的偏见都源于无知，一个眼界狭窄，不能以开阔包容的心面对世间万物的人注定是贫乏的。一个人看不惯的人和事越多，这个人的境界就越低，格局也越小。当面对自己无法理解的事物时，有的人选择学习，有的人选择排斥。当有人没有按照多数人的想法生活时，他的旁边总会有人面露不屑，而你问他为什么他一定是对的时，他会大声呵斥："大多数人就是这样的！"

仅仅是因为"大家都是这样认为的""我们都是这么过来的"，或者"这是老祖宗传下来的规矩"等理由，我们就只能这样盲目追随着生活吗？

82

在我们生活的这个时代，已经有很多人选择了不婚、丁克，也有人选择更灵活自由的职业。当然，会有很多人对此嗤之以鼻，因为他们自己绝对不会这样做。可包容不是让所有人都变得一样，而是给予每个人应有的尊重。虽然这些人和你们不一样，但他们理所应当地有选择自己生活方式的权利。

我们感恩先辈给我们留下丰富的生活经验和处事之道，也应该明白不是所有的传统观念都符合现代社会。真正的有识之士应当具有独立精神和自由思想，真正的勇士应该胸襟宽广，敢于冲破束缚人生的枷锁。正如王小波在《一只特立独行的猪》中所写："我已经四十岁了,除了这只猪,还没见过谁敢于如此无视对生活的设置。相反,我倒见过很多想要设置别人生活的人,还有对被设置的生活安之若素的人。因为这个缘故,我一直怀念这只特立独行的猪。"

有人喜欢循规蹈矩,喜欢将所有的事情都安排好,让别人都接受自己的安排和观念,但这样的生活只会让人走向庸俗,在不断的设置中失去自由,也失去生活的乐趣。

经过深思熟虑之后选择适合自己的路,哪怕与世俗格格不入,也要保持本心,这样的一生才值得我们自豪。当不相关的人蹦出来指责时,我们应该勇敢地回击:"从来如此,便对吗?"

留恋人间，自在独行

01

你喜欢一个人散步的感觉吗？听着自己的鞋子与马路摩擦的声音，它让人暂时忘记时间，忘记疲累，和自己对话，一边思考，一边认真倾听自己内心深处的声音。

独处让我更能静下心来想一些事，这是我从小养成的习惯。开始的时候是因为太孤单，在独处时靠思考来打发时间，后来，每过一段时间我都会远离人群，想想人生，想想未来，想想身边的人和事。情绪低落时我会安慰自己，懈怠时也会鼓励自己，就好像世界上有另一个我，每隔一段时间都得去找他聊聊。

一个人散步的时候，沉浸在自己的思考中，会感觉全世界好像只有星星还散发光芒。周围行人的嬉笑和玩闹声都像飘在空中的泡泡,一个个在我耳边破裂,全世界只剩下两个声音,我和内心的自己对话的声音。

我无法理解有的人吃饭和洗澡这样的事都必须要找个人一起,连这么短的独处时间都受不了,当然不会留更多的时间给自己思考,享受内心的宁静。事实上,独立思考比其他很多方式都更能获得智慧。有的人只习惯于与别人共处,和别人说话,一旦独处就难受得要命,但在我看来,人需要倾听自己的心声,和自己交流,这样才能创造一个充盈的内心世界。

当然,我也不是总是在独处,我时而喜欢热闹,时而喜欢安静,这和遇到的人有关系。遇到合得来的人,我能滔滔不绝地谈到深夜;如果不是合得来的人,我就会恨不能有个地洞钻进去,然后不再出来。

82

很多时候,走到人群中比一个人待在屋子里更为孤独。与其勉强与人群格格不入的自己融入进去,不如把时间花在自己喜欢的事情上。《瓦尔登湖》里有一句话让我印象深刻:"我爱独处,我从来没有发现比独处更好的伙伴了。"独来独往是一种姿态,孤立于世，能够保持自己的心境和节奏。

即使经常收获周围人异样的眼光，我仍旧选择遵照自己的内心，只走我想走的路。之前还会因为别人的话闷闷不乐，现在我已经不再理会。在与谈得来的朋友相处时，我可以谈笑风生；一个人的时候，我可以看书、旅行，活在自己喜欢的世界里。

有的人说我孤僻，有的人觉得我是话痨。我曾经说过一句话："经历了那么多年的孤独，却始终没能适应它。"但现在看来，我已经可以和孤独好好相处。我很喜欢这一份安静，其他人的看法对我是那么的不重要，无所谓喜，无所谓忧。

喜欢独处，那是一种自由，关乎自己的灵魂。对自己好一点，人间风景很好，但不静下心来就无法真正体会到。多给自己一点时间做些年老时想起会嘴角上扬的事，那样到时才能对自己说："这一生，不虚此行。"

无悔的选择

01

还是那个老问题：来到大城市的人，买不起房、买不起车、通勤时间长，承受着种种辛苦，如果回老家，很多人马上就可以买房、买车，过上与在大城市完全不同的日子，可大家为什么不走，仍然选择留在大城市呢？

每个人选择自己想要留下的城市都会有他的理由。拿我自己来说，毕业的前一年，我就在为成为北漂做准备，但在毕业后临去北京的前几天，我开始夜不能寐。亲戚朋友们知道我要去北京后都很吃惊，北京在他们眼里太远了，遥不可及，他们对北京的印象也逃不开那些关键词，诸如"人多""拥堵""雾霾"等等。他们想不到一个普通大学毕业的我会和北京这座城市有什么联系。

我去北京，爸爸非要送我，20多岁的人还让人送，其实挺丢人的，但我确实不是一个很独立的人，在家的时候从没有做过饭、扫过地、洗过衣服。当我对父母说要一个人去北京的时候，他们自然是不放心的。临走，我笑嘻嘻地和我妈道别，但在火车关门的时候，我哭了。我不想哭，但是我控制不住自己，眼泪不听话地往外涌。

我将奔赴北京，开始面对很多人生中的第一次，再也没有属于学生时代的寒暑假，和家乡的距离也会很远。我到北京的时候，周围的人都觉得几个月之后我就会回家，最多几年，因为存在一个大家认为最重要的问题——如何能在北京买房？

没错，每天挤地铁连手机都拿不出来的时候，我自己也会想这个问题：这个城市有那么多因为各种各样的原因来到这里的人，绝大多数人一辈子都不可能买得起房子，包括我自己，那我们究竟为什么还要留在这里？

02

我不知道其他人的原因，但我知道自己从小到大都不喜欢家乡，没有一天喜欢过那个地方。那个小城市有着明显的"熟人社会"的痕迹，出门逛街就能碰到小学的数学老师或者叫不出名字的远房亲戚。但这并不是我不喜欢家乡的原因，我不喜欢家乡是因为那里有太多我看不惯的事情，而大家都已经习以为常。

在那里，酒是吃饭的标配，不喝酒就不是男人，就叫不懂事；特别讲究人情世故，不愿意说话、不懂得讨好的人一定会被认为没出息；22岁就要被催婚，然后结婚、生孩子，之后再催自己的子女结婚、生孩子；熟人之间聊天的内容都是别人的家事，还要暗自攀比，听到别人过得好就开始发酸，听到别人过得不好就开始幸灾乐祸。

诸如此类的事情还有很多，但终归都是一个根本性的问题——不能做自己。那里的人见不得你和别人不一样，你需要迎合多数人的看法，但凡有一点和大家不一样，就会引来异样的眼光。你是不能做自己的，你不能按照自己的意愿想做什么就做什么，束缚你的是那些素不相识的人。

来到北京之后，我第一次感受到自由。哪怕城市的繁华都与我无关，但我的灵魂是自由的。北京是一个没什么人会特意关注你的城市，无论你做什么，无论你有什么样的爱好，都不用接受别人的指指点点，没有人认为你怪异。北京不仅大，而且有着比绝大多数城市更大的包容性，有很多难以想象的工作机会，就算你的能力还无法与之匹配,但只要努力,你不会找不到能养活自己的工作。而且,你在那里,就意味着希望。也许明天,也许明年,你的命运就会改变,这也是它最具吸引力的地方。

记得我和爸爸来到北京的那天,正好下起了小雪,我们一起逛了逛北京城。在雪中,我站在爸爸的身后拍了张照片,在那个瞬间,我突然想到了朱自清的《背影》。之后我们一起去了故宫,上一代人对故宫是有着强烈向往之情的,也算是满足了他的一个小心愿。

送走父亲之后,我开始了一个人在北京的生活。找到工作之后,我一点一点地学着做一个大人,虽然我不想承担作为大人的责任,可时间从来没有放过任何人。父母在变老,我必须开始勇敢地生活,哪怕在北京很辛苦,但这是长大必修的一课,没有一个成年人的生活是容易的。

03

我在北京租的房子不大,设计得很简洁,家电齐全。每到周末我都会和父母视频聊天,让他们可以了解我在北京的生活,可以安心。公司的同事很友好,上班坐地铁虽然有点挤,但早起一会儿也不是问题。一个人在北京生活，我适应得很快。在北京我也遇到了很多志同道合的朋友，有了自己的圈子，周末的时候可以约上朋友一起去看展览，去听感兴趣的讲座，参加一些电影和设计的沙龙，让自己的生活更丰富一些，也更有趣一些。

在北京会面临很多现实问题，最显著的问题就是买不起房。如果回到家乡，房子不成问题，身边还有很多熟识的朋友，可以享受岁月静好的生活。但对于我来说，我更在意年轻的时候遇到什么样的人。

其实，很多外出打拼的人即使回到家里也不能过上很好的生活，与其如此，还不如在大城市里为自己搏一次。很多人最终并不会留在大城市，但至少你可以为自己和家人提供更好的生活，这是我们可以为家庭做出的贡献。不是所有的好东西都必须落入你的口袋，之所以需要选择，是因为无论走哪条路都不完美，鱼和熊掌不可兼得。

记得白岩松曾经在节目中谈到自己到北京这么多年从来没有归属感，一直都很怀念故乡。没错，人生就是一场"红玫瑰"和"白玫瑰"的选择，做自己最无悔的选择就好了。

以自己喜欢的方式过一生

01

生命，长度各有不同，但殊途同归，都要面对必然的终结。我不知道你们如何看待死亡，但人是向死而生的，如果我们能不再忌讳谈及死亡，正视并思考死亡本身，那么我们会明白怎样才能更好地活。绝大多数人是不愿意谈论死亡的，本来我也是其中的一员，但在我亲眼看见身边的亲人和朋友遇到它的时候，我不得不开始思考这个问题，尽管过程是痛苦的。

我们看到的多数人的人生通常都是这样的：上学、工作、买房、结婚、生孩子，一边还房贷一边把孩子养大，然后换来衰老和疾病，再为孩子的买房、结婚、生孩子操心。人生难道就只能这样了吗？

这让我想到了一部叫《遗愿清单》的电影，一个身价上亿的富人和一个普通的汽车维修工同时患上了癌症，两人机缘巧合之下成了朋友，决定在剩下的日子里一起完成他们最后的心愿。

杰克·尼克尔森饰演的亿万富翁爱德华·科尔一辈子为事业打拼，离过几次婚，富可敌国且常有美女陪伴，却没有家人的关爱，内心空虚；摩根·弗里曼饰演的卡特·钱伯斯只是一个修理汽车的工人，为了孩子放弃了很多自己喜欢的东西，把自己的全部都奉献给了家庭。这样两个不同的人，在死亡面前是平等的。两个人决定在人生的最后旅程完成遗愿清单，为自己活一次，去做这辈子觉得遗憾的事。

他们去跳伞，在长城上骑摩托，去看埃及的金字塔，在埃塞俄比亚看野生动物……然后把最后的时光留给了家人。两个人去世之后，骨灰被装在了最爱的咖啡罐头里，埋在了喜马拉雅山上。

电影带有浪漫的戏剧色彩，但也可以给我们真实的人生带来一些思考。生命有限，要在过程中尽可能地充实自己，谁都没有办法预料人生会在什么时候终结，但可以决定在那一天到来之前不要虚度。很多人的人生只是在机械地重复过往，他们不会对自己的人生多加思考，直到生命最后的时刻才感到悔恨。

可我们究竟是为了什么而活呢？有人说要看他留下了什么，有人说要看他的信仰,有人说人生根本没有意义,等等。每个人对人生的定义都不一样,但在我看来,要以自己喜欢的方式过一生。

02

《庄子·盗跖》里有一段话:"人上寿百岁,中寿八十,下寿六十,除病瘦死丧忧患,其中开口而笑者,一月之中不过四五日而已矣。天与地无穷,人死者有时,操有时之具而托于无穷之间,忽然无异骐骥之驰过隙也。不能说其志意,养其寿命者,皆非通道者也。"

还有这么一个故事,很多人可能都听过。一个美国商人坐在墨西哥海边一个小渔村的码头上,看见一个渔夫划着一艘小船靠岸。小船上有好几尾大黄鳍鲔鱼,这个美国商人对墨西哥渔夫夸赞了一番,并且问他需要多少时间能捕到这些鱼。

渔夫说:"才一会儿工夫就抓到了。"

商人又问:"你为什么不待久一点,好多抓一些鱼呢?"

"这些鱼已经足够我一家人生活所需了。"渔夫对他的话不以为然。

"那么你每天剩下那么多时间都干些什么?"

渔夫解释道:"我每天睡到自然醒,然后出海抓几条鱼,回来后跟孩子们玩一玩,再睡个午觉,黄昏时喝点小酒,跟哥们儿玩玩吉他，我的日子可过得充实又忙碌呢！"

商人说："我是哈佛大学的管理学硕士，我可以帮你的忙！你应该每天多花一些时间去抓鱼，到时候你就有钱去买大一点的船，也可以抓更多鱼，再买更多的渔船，然后你就可以拥有一个渔船队。到时候你就不必把鱼卖给鱼贩子，而是直接卖给加工厂，你也可以自己开一家罐头工厂，这样你就可以控制整个生产、加工处理和行销，然后可以离开这个小渔村，搬到墨西哥城，再搬到洛杉矶，最后到纽约，在那经营你不断扩充的企业。"

渔夫问："这又花多少时间呢？"

商人回答："15~20年。"

渔夫问："然后呢？"

商人大笑着说："然后你就可以在家当皇帝啦！时机一到，你就可以宣布股票上市，把你在公司的股份卖了，到时候你就发了，可以几亿几亿地赚！"

渔夫问："然后呢？"

商人说："到那个时候，你就可以退休了！你可以搬到海边的小渔村去住，每天睡到自然醒，出海随便抓几条鱼，跟孩子们玩一玩，黄昏时到村子里喝点小酒，跟哥们儿玩玩吉他。"

渔夫疑惑地说："我现在不就是这样吗？"

03

在当今这个飞速发展的时代，越来越多的年轻人产生了无力感，即使"咸鱼翻身"，也不过是换到另一面继续煎而已，还是躲不过"咸鱼"的命运。在这种情况下，年轻人没办法不焦虑。很多人做的选择是集齐几个"钱包"，然后背上房贷，"踏实"地做上几十年的房奴。如果不这样，那人生又该活成什么样子呢？泛滥的成功哲学无论怎么包装，告诉你的都是努力就能成功、创业改变命运、拼搏成就人生巅峰这样的观念。但是在现实生活中，不是每个人都可以做到的。

你的人生想活成什么样是需要取舍的，年薪百万的"大神"要付出的时间和精力是我无法想象的，而且收入越高也意味着责任越大，说不定那些人还在羡慕月薪几千块，有时间遛狗种花的普通人。

按照自己喜欢的方式过一生，不被当下的消费主义绑架，不受传统的住房和生育观念束缚，不让世俗的价值观裹挟自己的行为。一辈子并没有我们想的那么长，何必活在别人给你设定的条条框框里呢？

你说你想要很多东西，但不够勇敢，内心的意愿和物欲互相拉扯，最后只能感慨人生而已。可是，那些别人都在追求的东西一定是你想要的吗？对于我而言，我只愿家人平安，有三五好友，有猫有狗，有喜欢的工作。我越来越觉得物质带来的满足是有时效性的，我最渴望的则是爱与陪伴。

如果让你列出自己的人生清单，然后逐一地去实现它，去寻找平凡生活里的快乐，珍惜人与人之间的相遇，认真经营每一段感情，去看遍这个奇妙的世界，你的人生清单会包括什么呢？

趁早，去做自己喜欢的事，让自己的人生足够精彩。既然要不枉此生，何必害怕走向生命的终点呢？

后记

你好啊，亲爱的陌生人。感谢你的阅读和支持，希望这本书能给你带来一些思考。我曾陷入迷茫和困惑，我曾思考人生的动力是什么，想着如何度过这一生。我想你们或多或少和我一样，时而欢喜，时而失落，经常觉得自己在人群中格格不入。我也面临过孤独、自卑、怯懦、敏感、缺爱、社交恐惧这些问题，后来我渐渐发现，有些事情不一定非找到答案不可，而是需要接受和正视。我们都有自己的优势和劣势，每个人也因此不一样。独特也是一种美，只要不给别人带来伤害，我们就能与它和解，从而它会成为我们生命的一部分。

我喜欢思考，我会分享一些自己对生活的理解。有时候我会很"丧"，有时候又会很"佛系"，但我依旧想活成一个小太阳，或者成为一束光。希望每个人都能自在地生活，用自己喜欢的方式度过一生，在平淡的生活中发现乐趣和惊喜。

我开了一个公众号，里面分享了我对这个世界的理解，关于人生和成长、爱情和生活，也记录了一些我的日常。希望能够通过它与你沟通，我们一同成长，一起成为有趣的人。我想成为陪伴你的那一束微光，在你孤独的时候陪你谈天说地，在你无助的时候当你的"树洞"，也和你分享我的生活信条和趣事，希望我能在你的生命中泛起层层涟漪。

这是我的第一本书，里面记录了自己近两年的生活感悟。人生是一场有去无回的旅行，好的和坏的都是风景。我希望你能活成一束光，去影响周边的人，虽然生活中有诸多艰难，但依旧充满活力，乐观向上。长路漫漫，未来可期。愿你笑对人生，自得其乐，不知老之将至。

感谢有你。